航空动力与新能源学科研究生系列教材

动力驱动原理及应用

王俨剀 程 勇 王红红 王 伟 编著

科学出版社

北 京

内 容 简 介

本书是动力与能源学科方向应知应会知识点归纳总结的教科书。本书明确标注出力学相关知识点，是固体力学、流体力学、工程热力学、自动控制等多学科知识点共性的提炼。期望读者打破课程的桎梏，用辩证统一的眼光审视已掌握的知识点。

本书也是一本工科专业教育改革的论著。借助学生熟悉的认知体系，以力学的视角审视人才的核心价值观。将力学、教育学和心理学对比分析，得到成才的普遍理论。每章最后，都有具体的人才培养建议，包括流程、工具或是教师-学生的心声，力求本书所提出的新的教育理念具有可操作性。

本书是课程思政的新尝试，是力学视角下的"自驱动式学习"理论和应用的实践与总结。用学生的思维观，优化学生的科学观，塑造学生的人生观。本书作为课程配套思政读本，供动力和能源领域的教师、研究生和本科生学习和阅读，同时对相关学科的卓越工程师培养提供借鉴和参考。

图书在版编目(CIP)数据

动力驱动原理及应用 / 王俨剀等编著. --北京：科学出版社，2024.9. --（航空动力与新能源学科研究生系列教材）. -- ISBN 978-7-03-078887-0

Ⅰ. V228

中国国家版本馆 CIP 数据核字第 2024WG6027 号

责任编辑：胡文治 / 责任校对：谭宏宇
责任印制：黄晓鸣 / 封面设计：殷 靓

科学出版社 出版

北京东黄城根北街 16 号
邮政编码：100717
http://www.sciencep.com

南京展望文化发展有限公司排版
苏州市越洋印刷有限公司印刷
科学出版社发行 各地新华书店经销

*

2024 年 9 月第 一 版　开本：787×1092 1/16
2024 年 9 月第一次印刷　印张：9 1/2
字数：208 000

定价：**60.00 元**

（如有印装质量问题，我社负责调换）

丛书序 | Foreword

　　航空动力和能源是关系国家国防安全和能源安全的两大领域,在其百余年的发展历程中,催生了诸如流体力学、传热学、燃烧学、材料学和控制理论等学科知识的不断创新发展,同时上述学科技术的创新也加速了这两个领域的技术进步和产业升级进程。特别是进入 21 世纪以来,信息赋能、数字化和智能化等技术的全面应用,使得这两个传统领域又焕发出勃勃生机。可持续航空燃料、电动和氢能飞机等脱碳技术及其他新型高效推进技术正成为航空技术前沿方向,以核能、风能和太阳能等为标志的新能源不断推陈出新并延续至今,可以说新一轮航空动力和能源变革正在酝酿,未来前景充满期待。

　　科技是第一生产力、人才是第一资源,在科教兴国战略指导下,近年来我国综合国力和科技水平大幅提升,航空动力技术正在全面赶超国际先进水平,在新能源领域更是开展了富有成效的引领性探索。我国已建成全球规模最大的科技人才队伍,但在航空动力和能源领域的"高精尖缺"人才仍然急缺,战略科学家、领军人才数量待大幅提升,人才"金字塔"的"塔尖"与"塔基"比例存在失调,严重制约着我国航空动力系统的自主创新发展。

　　为此,西北工业大学动力与能源学院作为航空动力与新能源领域长期从事高水平科学研究和高层次人才培养的第一方阵责无旁贷,依托"航空宇航科学与技术"和"动力工程及工程热物理"两个学科的优势教学和科研资源,集大家之所长,聚教研之精华,联合科学出版社组织编写了这套"航空动力与新能源学科研究生系列教材",系统梳理了气体动力学、燃烧学、传热学、结构力学和控制理论等专业前沿技术。该系列教材的编写发行,将对我国航空动力与新能源学科的发展,丰富相关学科专业的教学素材,服务研究生教育教学改革,促进我国航空动力与新能源领域高层次人才和卓越工程师的培养,具有重要的现实意义。

　　作为西北工业大学一名长期从事航空航天领域教学科研工作的教师,很荣幸受邀作序,希望这套研究生系列教材有所裨益,为加快建设教育强国、科技强国、人才强国,促进我国航空动力与新能源领域学科的发展和人才培养发挥积极的作用。

张卫红

2023 年 7 月于西安

前言 | Preface

　　动力驱动装置是飞行器、潜行器和空天运载系统的主要组成部分,又称"推进系统"。其利用自身携带的工质,依靠反作用原理直接或间接产生前进推力/力矩。核心包括能源提取、能量转化和做功推动三个环节,并按照质量守恒和能量守恒等规律,将不同能源形式转化成为运动。

　　关于这个运动可以从几个层次理解。首先是人自身的运动,这是传统的"动力驱动",例如飞机、轮船和火车,人在绝对空间中运动。其次过渡到无人系统,有形的"动力驱动"带领人的感官运动,包括视觉、听觉。在未来,还会有人不动,而意识动,脑机互联促进无形"动力驱动"的到来。

　　上述运动是在自然科学领域的定义。教育科学如何理解运动? 人的思想上如何成熟和运动? 学生如何成长? 职业如何发展? 也许在"动力驱动"思想上运动的过程,也有很多自然科学可以借鉴。在思政教育的过程中,也需要揭示学生成长的方向、速度和驱动力。

　　分析成长的道理,明确新时代人才培养的要求,揭示工科人才的成长规律,将会在培养学生方面取得事半功倍的效果。用基于力学中学习过的理论来解释学生成长过程中的问题,正是用学生喜欢的语言,说学生关心的事。

　　本书分为四部分来阐述作者的观点。第一部分为第 1 章,介绍自驱动型成长的"能量源泉",比较力学理论和教育规律之间的共通之处,将力学学科中的建模、参数定义和结果求解的思维观引入人才培养的过程中,建立人才培养模型,为后续讨论和分析奠定基础。第二部分包括第 2、3、4 章,介绍自驱动型成长的"能量转化",阐述学习过程中的驱动力、做功、能量的问题,其中,第 2 章介绍的是学习的驱动力,第 3 章介绍驱动力做功,第 4 章说明能量的积累。第三部分包括第 5、6、7 章,介绍自驱动型成长的"做功推动",针对学习过程中的阶段性、波折性和长期性特点,对于学生经常遇到的困难,鼓励学生正确面对竞争、失败和挫折,其中,第 5 章是学习效果的量化评价,第 6 章揭示阶段性成长的道理,第 7 章探讨创新的一般性规律。第四部分为第 8 章,具有新时代成长的特色,涉及职业规划,是终生成长的指路牌。

　　借助学生熟悉的认知体系,以力学的视角审视人才的核心价值观。例如:基于知识工程和数据挖掘理论揭秘学习的驱动力；以失稳运动对人生发展的启示说明"成长的方向性"；借可靠性增长理论说明"学习的积累"；基于系统论中的最优路径规划方法说明技术迁移与创新的一般性原理；基于陀螺力矩推导人生规划和职业分析的原则。理论都是学生熟悉的理工科基本理论，将自然科学结论提升到思政高度，助力学生正确认识远大抱负和脚踏实地，把远大抱负落实到实际行动中，让勤奋学习成为青春飞扬的动力，让增长本领成为青春搏击的能量。

目前，正值教育理念更新、教学方法优化以及育人目标调整的时期。撰写这样一本书，借助力学中的相关理论，阐述如何回答培养什么人、怎样培养人、为谁培养人的问题。另外，在当前竞争与合作辩证、挑战与机遇并存的时代，还有必要讨论个体和团队的关系、合作与竞争的关系以及传统学科和新兴方向的关系。

本书的编写团队由高校学者和行业专家组成，来自航空、航天和航海的作者从用人单位的视角重构知识体系，推动卓越工程师的培养模式改革和实践。特别感谢西北工业大学-中国航发四川燃气涡轮研究院（624 所）联合创新中心、西北工业大学-中国航发动力股份有限公司（430 厂）产学研平台、西北工业大学-陕西千山航空电子有限公司（3327厂）联合体对学生"自驱动式学习"提供的实践条件和政策上的支持。

为了力求系统完整，反映全局思想和实施工具，书中包含了一些学科发展现状综述，并收录了一些本团队公开的教改成果，包括全国航空航天教学会议、高等学校能源动力类教学会议发表的论文，上述内容尽其可能地标注了出处。全书几乎所有工作都是在西北工业大学教学过程中获得的实践经验的总结。感谢学校教务处、研究生院、学院领导及同学们在本书完成过程中给予的极大帮助和支持。

为了尽快实现科研反哺教学，本书的专业理论部分收录了国家自然科学基金面上项目（52372432,51775436）和国家科技重大专项（2017－Ⅰ－0006－0007）的最新研究成果。同时，本书中教研工作受到的项目资助包括：① 西北工业大学教育教学改革研究项目（ST2023JGG02）；② 西北工业大学学位与研究生教育研究项目基金（2021AG53）；③ 借力陕西科技探索 5 维度数字育人方法（陕西省第二批新工科研究与实践项目），在此表示感谢。

"自驱动式学习"关键是课程思政，课程思政伴随自驱动原理建立及应用的全过程，需要人才培养单位和人才使用单位联手实践和探索。本书是在这个时代背景下的一种尝试和思考，也随着一边应用一边建设，后续还将不断改进和完善。由于作者水平有限，书中不妥之处在所难免，敬请广大读者不吝指正！

王俨剀

2024 年 2 月

目录 | Contents

绪论 | Introduction

能源与动力的内涵和知识框架

能源利用决定着人类社会的文明程度,而动力机械则是人类汲取、转化、存储和做功的技术手段。能源问题是国家的战略和核心利益,动力技术则代表着国家工业技术水平的先进程度。这就意味着,能源动力专业肩负着培养未来国家战略工程技术人员的重任。

能源利用的范畴如图0-1所示。能源领域人才需要掌握"煤、石油等传统能源高效利用,太阳能、风能、生物能、氢能等新能源开发等相关的研究"。

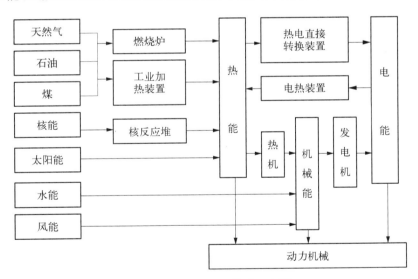

图0-1 能源利用范畴示意图

动力领域人才是"需要掌握有关动力装置的基础理论和基本知识,受到机械工程设计、实验测试和计算机应用等方面的基本训练,具有动力装置及控制系统的设计、实验和运行维护等方面的基本能力;具有坚实的理论基础,宽广的国际化视野,掌握航空航天动力系统设计基本理论和工程应用等专业知识,并有良好的人文素养,能从事航空航天动力系统总体设计、部件设计与试验、控制与测试等方面工作的高级研究人员和工程技术人员"。核心是培养具有红色情怀的高端人才。典型的热动力机械分类如图0-2所示。

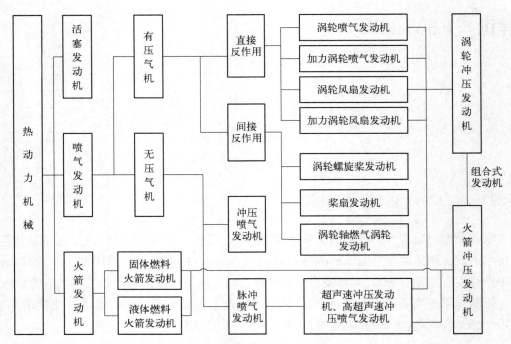

图 0 - 2 典型的热动力机械分类

针对这样明确的人才培养定位,学生应该掌握的知识体系至少包括以下几个方面。

1. 动力机械与工业需要

（1）动力机械与人类文明；

（2）动力机械耗能与环境破坏；

（3）现代动力机械设计理念。

2. 动力机械工作原理相关知识点

（1）动力机械的分类：热机、风力机和水轮机；

（2）往复式动力机械；

（3）旋转机械；

（4）电推进系统；

（5）动力机械设计需求。

3. 动力机械设计分析知识点

（1）总体设计流程；

（2）流体力学设计；

（3）静强度分析；

（4）动力学分析。

4. 动力机械数字化建模

（1）结构设计数字化；

（2）仿真设计数字化；

（3）测试技术数字化；

（4）优化设计技术。

5. 动力机械智能运维相关知识点

（1）动力系统健康管理；

（2）人工智能与机械运行。

6. 动力机械的发展趋势讨论

（1）碳达峰与碳中和；

（2）动力机械的发展趋势。

　　配合上述知识点体系，需要培养学生的实践和动手能力。这个过程可以充分发挥教学实验室的能力，并努力将课程新成果以及新技术应用到实践环节中。例如：基于零/低碳排放动力机械的设计案例，开展流程化设计与线上演示。通过构建设计过程中若干关键环节演示项目，帮助学生掌握力学建模与仿真的相关知识点，刻意培养学生低碳设计的理念，初步建立数字化设计的素养，以应对未来动力机械设计的实践性要求。

　　本案例以风力发电机组设计为例，开展零/低碳排放动力机械流程化设计。风力发电机组是目前运转速度最慢的动力机械，其部件主要包括叶轮、主轴、发电机、轴承、机舱和塔架，需要实现偏航、变桨、变转速控制。设计过程涉及固体力学计算、流体力学仿真、电磁学设计，这些都是动力与能源领域相关课程大纲中要求的知识点。

　　但是，学生仅仅记忆了这些知识点，还缺乏综合设计实践的经验。理论和实践上的脱节在于：课本上的知识点是静态（设计点）的，实际运转中的风力发电机组是动态（多工况）的。因此需要强化锻炼学生在设计过程中，静强度校核、动力学计算、运维数据分析和双碳经济等环节的实操能力，推动学生向行业需求的方向发展。

　　本着能实不虚的原则，在计算机中安装常用的分析软件，逐步完善并编译相关实践算法，以典型的风力机参数作为输入值，学生自己运行程序，获得静强度校核、动力学计算、运维数据分析和双碳经济的分析结果。表 0-1 给出了可以开展的实践环节。

表 0-1　可以开展的实践环节

	名称	知识传授	能力培养	价值塑造
环节 1	任务选择	—	人文基本素养	热爱幅员辽阔的祖国河山
环节 2	敏捷设计	结构组成	总体设计能力	实践是检验理论的标准
环节 3	平面制图	总装图	机械制图能力	团队协作的精神
环节 4	三维建模	三维制图	三维建模能力	劳动育人
环节 5	应力校核	强度理论	网格划分能力	精益求精的习惯
环节 6	振动仿真	模态理论	仿真计算能力	迭代优化的理念

续　表

	名称	知识传授	能力培养	价值塑造
环节7	运维监测	故障诊断理论	数据分析能力	基于数据的方法论
环节8	双碳经济	碳达峰、碳中和	碳管理能力	绿色的发展观

实践的指导原则是"面向需求,分段设计,数据驱动,情景实练"。实践项目应该包括总体设计、部件选型、力学仿真和状态检测等全寿命环节,使学生亲身体验设计工程中常用的软件和算法,实践典型动力机械建模设计的全过程。通过"数据-工具-知识"的培养过程,实现"知识-能力-素质"的培养效果。

新工科视域下的学习能力

上节介绍了学生应该掌握的理论知识体系和设计实践能力,可以通过教师讲授、课内实验以及设计演练进行学习和掌握,是狭义概念的"动力驱动原理"教学。

在迅猛发展科学技术的时代背景下,培养"自驱动型成长"是更广义的"动力驱动原理"理论。

所谓"授人以鱼,不如授之以渔",面对不断充实和更新的知识体系以及专业知识,面向未来卓越工程师的技能需求,本书中将重点展开"自驱动型成长"的阐述。依次涉及成长模型(第1章)、学习方法(第2、3、4章)、成长规律(第5、6、7章)和职业规划(第8章)等重要议题,探寻力学理论、教育学和心理学在"自驱动型成长"中的融合作用,建立课程思政的新工具。"自驱动型成长"内容之间的逻辑关系如图0-3所示。

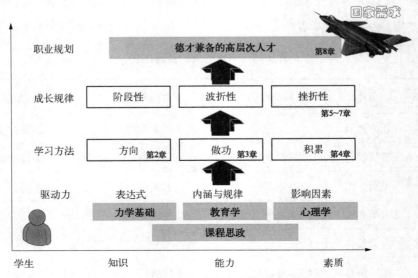

图0-3　"自驱动型成长"内容之间的逻辑关系

通过"自驱动型成长"的系统性讨论,试图解释的问题包括:

（1）学习的动力；

（2）努力与方向；

（3）学习的效果；

（4）知识积累与能力增长；

（5）学习过程中的合作与竞争；

（6）解决问题能力的迭代提升；

（7）创新的蓄积与突破：从 0 到 1；

（8）职业规划的工具。

下面,让我们带着这些成长问题,开始"自驱动型成长"之旅吧！

第 1 章

从力学基本定理出发

1.1 三大定律体系及其在人才培养中的类比关系

1.1.1 质量的运动

自然科学中,物体的运动定律由艾萨克·牛顿在 1687 年于《自然哲学的数学原理》一书中总结提出[1]。牛顿运动定律包括:① 孤立质点保持静止或做匀速直线运动;② 物体加速度的大小跟作用力成正比,跟物体的质量成反比;③ 相互作用的 2 个质点之间的作用力和反作用力总是大小相等,方向相反,作用在同一条直线上。

> 【牛顿三大定律】
> 　　第一定律说明了力的含义:力是改变物体运动状态的原因;第二定律指出了力的作用效果:力使物体获得加速度;第三定律揭示出力的本质:力是物体间的相互作用。
>
> ——《大学物理》

1. 牛顿第一定律(惯性定律)[2]

牛顿在《自然哲学的数学原理》中的原始表述是:任何物体都要保持匀速直线运动或静止状态,直到外力迫使它改变运动状态为止。

用数学公式表示为

$$\sum_i \boldsymbol{F}_i = 0 \Rightarrow \frac{\mathrm{d}\boldsymbol{v}}{\mathrm{d}t} = 0 \tag{1-1}$$

其中,$\sum_i \boldsymbol{F}_i$ 为合力;$\boldsymbol{v}$ 为速度;t 为时间。

揭示了:物体运动状态改变的关键是驱动力。

2. 牛顿第二定律[2]

牛顿在《自然哲学的数学原理》中的原始表述:动量为 $\boldsymbol{p}$ 的质点,在外力 $\boldsymbol{F}$ 的作用下,其动量随时间的变化率同该质点所受的外力成正比,并与外力的方向相同。

用数学公式表示为

$$\boldsymbol{F} = \frac{\mathrm{d}\boldsymbol{p}}{\mathrm{d}t} \tag{1-2}$$

揭示了：驱动力决定物体运动的加速度。

3. 牛顿第三定律[2]

相互作用的 2 个物体之间的作用力和反作用力总是大小相等、方向相反，作用在同一条直线上。

用数学公式表示为

$$\boldsymbol{F} = -\boldsymbol{F}' \tag{1-3}$$

揭示了：驱动力的受力和施力的辩证关系。

在经典力学体系中，第一定律引入力的概念并阐明惯性属性，定性揭示力和运动的关系，为第二定律打下基础、准备必要的概念；第三定律进一步给出作用力的性质，揭示物体运动的相互制约机制。三大定律结合，全面解决了任意物体在受复杂的外力作用后的运动问题。牛顿运动定律是一个有机整体，是一脉相承的完整理论体系，是力学的基本公理。可以认为其核心是运动的驱动力问题。

1.1.2　液团的运动

流体力学是力学的一个分支。在物体运动方程的基础上，导出了连续性方程、能量方程、动量方程，即流体力学三大方程。流体力学三大方程描述了流体本身的静止状态和运动状态以及流体和固体界壁间有相对运动时的相互作用和流动规律[3]。

> **【流体力学三大方程】**
> 　　表示流体运动与作用于流体上的力的相互关系。其中参量包含流体的运动速度、压强、密度、黏度、温度等变量，而这些都是空间位置和时间的函数。
> 　　　　　　　　　　　　　　　　　　　　　　　　　　　　——《流体力学》

1. 连续性方程[4]

即流体系统的质量守恒定律，其数学表达式为

$$\rho A v = C \tag{1-4}$$

其中，ρ 为流体的密度；A 为有效断面面积；v 为有效断面上的平均速度。

揭示了：持续性运动的基本要求。

2. 能量方程（伯努利方程）[4]

即流体系统的能量守恒定律，其数学表达式为

$$p + \frac{1}{2}\rho v^2 + \rho gh = C \tag{1-5}$$

其中，p 为静压；ρ 为液体密度；v 为液体流动速度；g 为当地大气压；h 为液体高度；C 为常数。

揭示了：持续性运动的能量守恒。

3. 动量方程(纳维-斯托克斯方程)[4]

即流体系统的动量定律，其数学表达式为

$$\rho \frac{D\boldsymbol{V}}{Dt} = \rho f - \nabla \boldsymbol{p} + \mu \nabla^2 \boldsymbol{V} \tag{1-6}$$

其中，$\dfrac{D\boldsymbol{V}}{Dt}$ 为物质导数；f 为单位体积流体受的外力；$\boldsymbol{p}$ 为流体压力；μ 为动力黏度。

揭示了：持续性运动的驱动力问题。

该知识点中，流体力学的基本方程揭示了微观作用和宏观守恒的问题。

1.1.3　分子的运动

热力学主要是从能量转化的观点来研究物质的热性质，它提示了能量从一种形式转换为另一种形式时遵循的宏观规律。

根据现代学科的划分，热力学实际上并不是一种力学领域。热力学的英文是 thermodynamics，词根是希腊文 therme，意为 heat，dynamic 意为 power。如果按照字面的近代意思翻译的话，热力学应该叫热功学，最早的意思是关于热机的研究。热力学也有三大定律。

> **【热力学三定律】**
>
> 　　热力学第一定律定义了态函数内能；第二定律引进了态函数熵和热力学温标；热力学第三定律则描述了系统的内能和熵在绝对零度附近的性状。热力学中还有热力学第零定律，它为定义和标定温度奠定了基础。
>
> ——《工程热力学》

1. 热力学第一定律[5]

即能量守恒定律，其数学表达式为

$$dU = \delta Q - \delta W \tag{1-7}$$

其中，U 为系统内能；Q 为热量；W 为外界对系统做的功。

揭示了：微观-宏观运动的能量守恒问题。

2. 热力学第二定律[5]

热量可以自发地从温度高的物体传递到温度低的物体，但不可能自发地从温度低的

物体传递到温度高的物体,其数学表达式为

$$dS \geq \frac{\delta Q}{T} \qquad (1-8)$$

其中,S 为系统熵值,即随时间进行,一个孤立体系中的熵不会减小。

揭示了:微观-宏观运动的能量传递问题。

3. 热力学第三定律[5]

绝对零度时,所有纯物质的完美晶体的熵值为零。

揭示了:微观-宏观运动的能量传递方向。

热力学在系统平衡态概念的基础上,定义了描述系统状态所必须的 3 个态函数:热力学温度 T、内能 U 和熵 S。

该知识点关心的主要问题是热到力的转换,目标是提高热机的效率。

热力学、流体力学与固体力学共同搭建了动力与能源专业的理论基础。

图 1-1 给出了三大定理体系的思维观,可以看到:牛顿力学定律的研究对象是质点/质量(无论多么大的物体,都以整体对待);流体动力学的研究对象是连续体;而热力学的默认前提是封闭系统。其演化关系就像人才培养中的学生个体、团队、行业和社会。表 1-1 所示即为力学理论体系及其在人才培养中的类比关系。

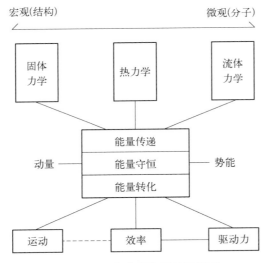

图 1-1　三大定理体系的思维观

表 1-1　力学理论体系及其在人才培养中的类比关系

力　　学	研究对象	人才培养	培养要素
理论力学	质点	个人	职业成长
材料力学	构件	团队	团队协作

续　表

力　　学	研究对象	人才培养	培养要素
流体力学	流团	行业	竞争合作
热力学	封闭系统	社会	交叉融合

图1-2给出了自然科学和人才培养成长维度类比。

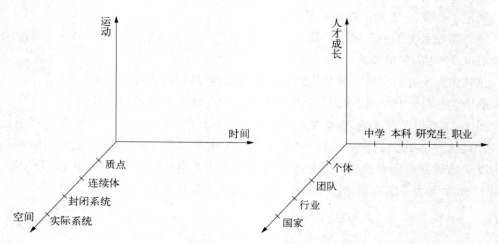

图1-2　自然科学和人才培养成长维度类比

仿照力学的格式,也可以给出个人成长的3个公理。

公理一:人才成长的主体 M 是个体、团队、行业和国家。脱离团队、行业和社会环境的个人成功评价,就像在真实世界中寻找质点运动,过于理想。在实现个体-团队-行业-国家价值统一的过程中,驱动力 F 是成长 a 的前提,即

$$F = Ma \tag{1-9}$$

公理二:个人的能力增长 P 和付出的努力有关;个人成长速度 ΔV 取决于自身努力 $F \cdot t$ 的结果,即

$$P = M \cdot \Delta V = F \cdot t \tag{1-10}$$

公理三:个人成长具有方向性;和行业需求相向而行,将能实现自我价值的体现;和社会需求背道而驰,能力越大破坏力越大,即

$$E = F \cdot S = F \cdot S\cos a \tag{1-11}$$

对于自驱力,具有大小、方向和作用点三要素。公理一描述的是主体对象,即驱动力的作用点;公理二说明驱动力的作用;公理三则阐述了努力的方向问题,揭示个人成长和

社会发展的辩证关系,也明确了思政教育在个人成长中的重要作用。

1.2　力学研究方法论和建模步骤

　　流体力学与固体力学都是建立在三大守恒(质量、动量、能量)基础之上,再结合不同介质的本构关系(即热力学关系),列出联合方程组。因此可抽象出相同建模方法,主要包括以下 4 步,如图 1-3 所示。

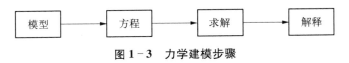

图 1-3　力学建模步骤

1.2.1　建立"力学模型"

　　其中关键是力的方向和大小。力学模型,原则上都可以采用拉格朗日和欧拉描述,只是用数学方程描述差异。一般很小的变形采用拉格朗日描述比较合适,它是介质占据的空间随介质一起运动;而对于大变形或者无限变形采用欧拉描述合适,它是空间不随介质运动,完全固定的。

　　同理,以个人为对象研究时,参考拉格朗日思想;研究多个个体之间的柔性关系时,用欧拉模型。

1.2.2　建立控制方程

　　目的是力求最佳的转化效率。针对运动的特点,用数学语言将质量守恒、动量守恒、能量守恒等定律表达出来,从而得到连续性方程、动量方程和能量方程。

　　此外,还要加上某些联系流动参量的关系式,例如状态方程,又如本构关系方程。平衡热力学关系:如压力与密度关系、胡克定律等;非平衡热力学关系:如牛顿内摩擦定律、傅里叶定律、菲克定律等。

1.2.3　求解方程组

　　目的是获得变量的实时变化。在给定的边界条件和初始条件下,利用数学方法求方程组的解。由于这些方程组是非线性的偏微分方程组,难以求得解析解,必须加以简化,这就是前面所说的建立力学模型的原因之一。力学工作者经过多年努力,创造出许多数学方法或技巧来解这些方程组,得到一些解析解。

　　其中,二阶常系数方程常常是基本工具。常微分方程在高等数学中已有悠久的历史,它扎根于各种各样的实际问题中,继续保持着强劲的动力。二阶常系数常微分方程在常微分方程理论中占有重要地位,在工程技术及力学和物理学中都有十分广泛的应用[5]。比较常用的求解方法是待定系数法[6]、多项式法、常数变易法和微分算子法等。

二阶常系数方程标准形式为

$$y'' + py' + qy = 0 \qquad (1-12)$$

二阶常系数方程特征方程为

$$r^2 + pr + q = 0 \qquad (1-13)$$

二阶常系数方程通解,包括以下几种情况:

(1) 2 个不相等的实根:

$$y = C_1 e^{r_1 x} + C_2 e^{r_2 x} \qquad (1-14)$$

(2)2 个相等的实根:

$$y = (C_1 + C_2 x) e^{r_1 x} \qquad (1-15)$$

(3)1 对共轭复根:

$$\begin{cases} r_1 = \alpha + i\beta \\ r_2 = \alpha - i\beta \end{cases} \qquad (1-16)$$

$$y = e^{\alpha x} (C_1 \cos\beta x + C_2 \sin\beta x) \qquad (1-17)$$

1.2.4　对解进行分析解释

剖析规律。求出方程组的解后,结合具体情况,解释这些解的物理含义和流动机理。通常还要将这些理论结果同实验结果进行比较,以确定所得解的准确程度和力学模型的适用范围。

从现象到数学模型的抽象是建模过程;从数学结果到现象的解释则体现了专业领域从业者的智慧。

综上所述,不仅工程问题可以建模分析,而且社会科学问题也可以建模。分析结果可以解释自然现象,也可以揭示人才培养的规律,下文将分别介绍。首先是工程问题建模。

1.3　经典工程问题建模

【单自由度振动系统】

自由度指完整描述一个振动系统时间特性所需的最少的独立坐标数,只有 1 个自由度的振动系统,称为单自由度振动系统。

——《理论力学》

【振荡电路】

振荡电流是一种大小和方向都周期性发生变化的电流,能产生振荡电流的电路就称为振荡电路。其中最简单的振荡电路叫 LC 回路。

——《电路原理》

【LC 回路】

即 LC 电路,也称为谐振电路、槽路或调谐电路,该电路包含 1 个电感 L 和 1 个电容 C。该电路可以用作电谐振器,储存电路共振时振荡的能量。

——《电路原理》

1.3.1　振荡电路特性建模

RLC 振荡电路的二阶常微分方程如下[7]:

$$LC \frac{d^2 u_c}{dt^2} + RC \frac{du_c}{dt} + u_c = u_s \qquad (1-18)$$

其中,L 为电感值;C 为电容值;R 为电阻值。

当 RLC 串联电路谐振时,谐振频率为 $\omega_0 = \dfrac{1}{\sqrt{LC}}$。

1.3.2　单自由度振动系统动力学特性建模

单自由度振动系统振动方程的一般形式如下:

$$m\ddot{u}(t) + c\dot{u}(t) + ku(t) = f(t) \qquad (1-19)$$

其中,$\ddot{u}(t)$、$\dot{u}(t)$、$u(t)$ 分别表示运动加速度、速度和位移。

当方程(1-19)的右端项为零时,即得到单自由度系统的自由振动方程:

$$m\ddot{u}(t) + c\dot{u}(t) + ku(t) = 0 \qquad (1-20)$$

1.3.3　机械类和电工类学生的通识理解

单自由度振动系统和振荡电路是固体力学和电学中的知识点,分析发现它们都是二阶振荡系统,有很多共通之处。以自由振动来说,m 代表着物体的质量,也就是惯性,它会使物体有保持自身的运动状态不变的趋势;在电路中,电感 L 也具有使通过自身的电流保持不变的趋势,所以它其实也代表着惯性,即 L 为电流惯性;刚度 S 代表着弹性力的作用,可以看作是一个储能元件,而与之相对应的电容 C,也是一个储能元件。只是在机械振动中是动能和机械能之间的转换,而在电路中是电能与磁能的转换;同样如果在机械振动中加入阻尼,它起到一个耗散能量的作用,会将机械能转换成热能耗散掉;在电路中电阻 R 也起到了耗散能量的作用,它会将电能转换成热能耗散。而固有频率则是当机械振动或者电路中达到这一频率时,物体运动和电路都会产生振荡,从而产生危害。表 1-2 给出了有阻尼单自由度振动系统与含电阻的 RLC 电路的比较。

表 1-2　有阻尼单自由度振动系统与含电阻的 RLC 电路比较

	有阻尼单自由度振动系统	含电阻的 RLC 电路
结构简图		
参　数	质量 m	电感 L
	弹簧刚度 k	电容倒数 $\dfrac{1}{C}$
	阻尼 c	电阻 R
	质点运动速度 v	电流 i
微分方程	$m\ddot{u}(t) + c\dot{u}(t) + ku(t) = 0$	$LC\dfrac{\mathrm{d}^2 u_C}{\mathrm{d}t^2} + RC\dfrac{\mathrm{d}u_C}{\mathrm{d}t} + u_C = 0$
特征方程	$ms^2 + cs + k = 0$	$LCS^2 + RCS + 1 = 0$
特征根	$s_{1,2} = -\dfrac{c}{2m} \pm \sqrt{\left(\dfrac{c}{2m}\right)^2 - \dfrac{k}{m}}$	$S_{1,2} = -\dfrac{R}{2L} \pm \sqrt{\left(\dfrac{R}{2L}\right)^2 - \dfrac{1}{LC}}$
参数讨论	阻尼比 $\zeta \overset{\text{def}}{=} \dfrac{c}{2m} \Big/ \sqrt{\dfrac{k}{m}} = \dfrac{c}{c_c}$ 其中 $c_c = 2m\omega_n$	电路阻尼：$\dfrac{R}{2}\sqrt{\dfrac{C}{L}}$

1.3.4　使用二阶常微分方程求解两种系统的通用推导

求解该两种系统的二阶微分方程最常用的方法是特征值和特征方程法,两种不同学科中的振动系统的特征方程具有很高的相似性。

以求振动系统方程的解为例:

$$\begin{cases} m\ddot{u}(t) + c\dot{u}(t) + ku(t) = 0 \\ u(0) = u_0 \\ \dot{u}(0) = \dot{u}_0 \end{cases} \quad (1-21)$$

根据常微分方程理论,解具有如下形式:

$$u(t) = \bar{u}\mathrm{e}^{st} \quad (1-22)$$

相应的特征方程为

$$ms^2 + cs + k = 0 \tag{1-23}$$

一对特征根为

$$s_{1,2} = -\frac{c}{2m} \pm \sqrt{\left(\frac{c}{2m}\right)^2 - \frac{k}{m}} \tag{1-24}$$

为了便于分析,引入阻尼比参数 ζ,定义为 $\dfrac{c}{2m}$ 和 $\sqrt{k/m}$ 之间的比值,即

$$\zeta = \frac{c}{2m} \bigg/ \sqrt{\frac{k}{m}} = \frac{c}{2\sqrt{km}} = \frac{c}{2m\omega_n} \tag{1-25}$$

其中, ω_n 表示系统固有频率。式(1-25)可以写成:

$$s_{1,2} = -\zeta\omega_n \pm \omega_n\sqrt{\zeta^2 - 1} \tag{1-26}$$

阻尼比取不同的值时, $s_{1,2}$ 将出现实特征根或复特征根,分别讨论如下。

1. 过阻尼($\zeta > 1$)

过阻尼情况下特征根是一对互异实根,方程(1-20)的通解为

$$u(t) = a_1 e^{(-\zeta + \sqrt{\zeta^2-1})\omega_n t} + a_2 e^{(-\zeta - \sqrt{\zeta^2-1})\omega_n t} \tag{1-27}$$

其中, a_1 和 a_2 是由初始条件决定的积分常数。令上式及其导数中 $t = 0$,解得 2 个积分常数为

$$a_1 = \frac{\dot{u}_0 + (\zeta + \sqrt{\zeta^2-1})\omega_n u_0}{2\omega_n\sqrt{\zeta^2-1}}, \quad a_2 = \frac{-\dot{u}_0 - (\zeta + \sqrt{\zeta^2-1})\omega_n u_0}{2\omega_n\sqrt{\zeta^2-1}}$$

2. 临界阻尼($\zeta = 1$)

临界阻尼情况下特征根是一对相等的实根:

$$s_{1,2} = -\omega_n \tag{1-28}$$

方程(1-21)的通解为

$$u(t) = (a_1 + a_2 t)e^{-\omega_n t} \tag{1-29}$$

令式(1-29)及其导数中 $t = 0$,解得 2 个积分常数为 $a = u_0$, $a_2 = \dot{u}_0 + \omega_n u_0$。

3. 欠阻尼($\zeta < 1$)

欠阻尼情况下特征根是一对共轭复根:

$$s_{1,2} = -\zeta\omega_n \pm j\omega_n\sqrt{1 - \zeta^2} \tag{1-30}$$

方程(1-21)的通解为

$$u(t) = \mathrm{e}^{-\zeta\omega_n t}(a_1\cos\omega_d t + a_2\sin\omega_d t) \tag{1-31}$$

其中，$\omega_d = \omega_n\sqrt{1-\zeta^2}$ 称为阻尼振动频率或自然频率，显然它小于系统的固有频率。令式 (1-31) 及其导数中 $t = 0$，解得两个积分常数为 $a_1 = u_0$，$a_2 = \dfrac{\dot{u}_0 + \zeta\omega_n u_0}{\omega_d}$。

将以上 3 种情况中解出的积分常数代入通解中，可以得到不同阻尼情况下系统的振动响应和电路特性，如表 1-3 所示。

表 1-3　力学模型的三种响应形式

过阻尼	$\zeta > 1$	$\dfrac{R}{2}\sqrt{\dfrac{C}{L}} > 1$
	$u(t) = a_1\mathrm{e}^{(-\zeta+\sqrt{\zeta^2-1})\omega_n t} + a_2\mathrm{e}^{(-\zeta-\sqrt{\zeta^2-1})\omega_n t}$	$u_C(t) = K_1\mathrm{e}^{s_1 t} + K_2\mathrm{e}^{s_2 t}$
	无振荡特性	
临界阻尼	$\zeta = 1$	$\dfrac{R}{2}\sqrt{\dfrac{C}{L}} = 1$
	$u(t) = (a_1 + a_2 t)\mathrm{e}^{-\omega_n t}$	$u_C(t) = (K_1 + K_2 t)\mathrm{e}^{-\alpha t}$
	无振荡特性	
欠阻尼	$0 < \zeta < 1$	$\dfrac{R}{2}\sqrt{\dfrac{C}{L}} < 1$
	$u(t) = \mathrm{e}^{-\zeta\omega_n t}(a_1\cos\omega_d t + a_2\sin\omega_d t)$	$u_C(t) = \mathrm{e}^{-\alpha t}(K_1\cos\omega_d t + K_2\sin\omega_d t)$
	衰减振荡	

1.3.5　两类工程问题共性思考

1. 两者之差别

单自由度系统自由振动和二阶电路的零输入响应两者的特征方程和特征根形式一致，仅仅是物理意义有所差别。

2. 决定两者性质的因素

两者性质都取决于各自所对应的二阶微分方程的特征根，也就是振动系统或者二阶电路的固有频率。

3. 两者固有特性

振动系统的固有频率由振动系统的质量 m，刚度系数 k 和黏性阻尼系数 c 决定，反映了振系的固有特性。电路的固有频率也是由电路的电阻 R、电感 L 和电容 C 决定（与电路结构如串、并联电路有关),同样也反映了电路固有的特性。

4. 研究振荡过程的因素

固有频率可以是实数、复数和虚数,从而决定了响应为非振荡过程、衰减振荡过程或等幅振荡过程。

表 1-4 给出二阶电路和单自由度振动系统中的对应关系。在特征方程求解中,两者都是线性常系数二阶齐次微分方程,都是先假设根的形式,找到微分方程相对应的特征方程,再求解其特征方程的根,然后解出其微分方程的根。最后再根据参数取值的不同,得出相应的数学解,用来解释相应的物理现象。

表 1-4　二阶电路和单自由度振动系统中的对应关系

二阶电路	电量 q	电流 $\dfrac{dq}{dt}$	磁能 $\dfrac{1}{2}L\left(\dfrac{dq}{dt}\right)^2$	电能 $\dfrac{1}{2}\dfrac{1}{C}q^2$	电阻功率 $R\left(\dfrac{dq}{dt}\right)^2$	固有频率 $\dfrac{1}{\sqrt{LC}}$
单自由度振动	位移 x	速度 $\dfrac{dx}{dt}$	动能 $\dfrac{1}{2}m\left(\dfrac{dx}{dt}\right)^2$	势能 $\dfrac{1}{2}kx^2$	阻尼单位时间内耗能 $c\left(\dfrac{dx}{dt}\right)^2$	固有频率 $\sqrt{\dfrac{k}{m}}$

表 1-5 给出机电知识点对比。根据机械振动和串联电路的特征值公式对比,可以看出两者的统一性,可以在处理相关问题的时候提供指导,也说明了物理体系的统一性。此外,无论是在推导过程、结论还是关系图上,含有阻尼的机械振动和 RCL 电路都是一致的。

表 1-5　机电知识点对比

类似参数举例	机械振动	串联电路
前者的 k、m;后者的 L、C;都是系统的固有参数	固有频率 $\omega_n = \sqrt{\dfrac{k}{m}}$	谐振角频率 $\omega_0 = \dfrac{1}{\sqrt{LC}}$
耗散外界输入的能量	阻尼 c	电阻 R
阻尼对自然角频率的衰减	阻尼角频率 $\omega_d = \omega_n\sqrt{1-\zeta^2}$	阻尼角频率 $\omega_d = \sqrt{\omega_0^2 - \alpha^2}$
都是描述衰减过程的参数	衰减系数 $n = \zeta\omega_n = \dfrac{c}{2m}$	奈培频率 $\alpha = \dfrac{R}{2L}$

注: 并联类似故不赘述。

1.3.6　工程问题对成长的启示

总结工程问题建模过程,牛顿建立的经典力学体系中,主要分成模型、力学方程/运动方程、求解和结果解释 4 个环节,分析的重点是参数、模型、求解器和规律。

将 4 步建模的科学观应用到人才培养的过程中,依次获得人才培养的模型、学习影响因素、学生成长规律、育人的工具与方法。图 1-4 给出人才培养的 4 个过程,表 1-6 中最后一列给出了人才成长的模型、参数、边界条件和分析工具。

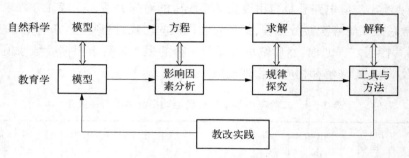

图 1-4　人才培养 4 个过程

表 1-6　自然科学对人才培养建模的借鉴

	机械类	电子类	教育学
模型	单自由度振动系统	RLC 串联电路	工科学生认知与成长
参数	质量 m 阻尼 c 刚度 k	电阻 R 电容 C 电感 L	天赋 I 惰性 W 机遇 C
边界条件	位移 v	电流 i	社会认同 x
分析工具	二阶非齐次微分方程		

1.4　学生成长问题模型

建模是反映科学问题的发展规律、影响因素分析和效果评价的主要技术手段。如果期望探讨学生的成长问题,建模也应该成为教育理论的有效工具。从工程问题中得到启发后,尝试构建学生成长问题模型。

有关学生成长问题的建模,其实很多科学家和教育学家都做过,其中最著名的当属爱迪生建立的线性模型"成功(S)等于 1% 的灵感(I)+99% 的勤奋(C)",写成数学表达式为

$$S = 1\%I + 99\%C \tag{1-32}$$

本节尝试建立一个略复杂一些的非线性模型。参照前节经典工程问题建模,对于学生的成长也可以建立二阶齐次微分模型 $I\ddot{x} + W\dot{x} + Cx = F(t)$。模型参数包括天赋 I、惰性 W、机遇 C 以及学生的自驱力 $F(t)$。

　　为了寻求上述参数对学生成长周期的影响规律,采用力学问题的分析方法对学生成长问题进行分析。表 1 - 7 给出知识点与成长启示的关联。

表 1 - 7　知识点与成长启示的关联

解决途径	二阶齐次微分方程
响应结果	$x \rightarrow$ 社会认同(零阶) $\dot{x} \rightarrow$ 团队认同(一阶) $\ddot{x} \rightarrow$ 自我认同(二阶)
成绩 能力 素质	单峰值 $X_{\mathrm{p}} = \max\{x_i\}$; $i = 0, 1, 2, \cdots, N$ 峰峰值 $X_{\mathrm{pp}} = \max\{x_i\} - \min\{x_i\}$; $i = 0, 1, 2, \cdots, N$ 有效值 $V_{\mathrm{rms}} = \sqrt{\dfrac{1}{N}\sum\limits_{i=1}^{N} x_i^2}$; $i = 0, 1, 2, \cdots, N$

　　为了实现学生的社会认同,对于个人认同进行积分,便是团队对个人的认同,也就是对学生的团队认同。进一步对团队认同进行积分,便可以得到社会对学生的认同,也就是社会认同。通过对社会认同的峰值 x 来量化评价学生对自我的突破和对社会进步的贡献大小。

　　建立学生成长问题的模型,该模型的运动微分方程可表示为

$$I\ddot{x} + W\dot{x} + Cx = F(t) \tag{1-33}$$

　　当学生缺少自驱力时, $F(t) = 0$,此时方程为二阶齐次微分方程,方程形式如式 (1 - 34) 所示:

$$I\ddot{x} + W\dot{x} + Cx = 0 \tag{1-34}$$

　　假设方程的解为 $x(t) = A\mathrm{e}^{\lambda t}$,代入方程式(1 - 34)后,得到其特征方程为

$$I\lambda^2 + W\lambda + C = 0 \tag{1-35}$$

　　其解为 $\lambda_{1,2} = -\dfrac{W}{2I} \pm \sqrt{\left(\dfrac{W}{2I}\right)^2 - \dfrac{C}{I}}$;当 $\dfrac{W}{2I} < \sqrt{\dfrac{C}{I}}$ 时, $\lambda_{1,2} = -\dfrac{W}{2I} \pm \mathrm{j}\sqrt{\dfrac{C}{I} - \left(\dfrac{W}{2I}\right)^2}$ 。定义 $\alpha = \dfrac{W}{2I}$, $\omega_0 = \sqrt{\dfrac{C}{I}}$, $\omega_{\mathrm{d}} = \sqrt{\dfrac{C}{I} - \left(\dfrac{W}{2I}\right)^2} = \sqrt{\omega_0^2 - \alpha^2}$,故可以得到方程(1 - 34)的通解为

$$x(t) = \mathrm{e}^{-\alpha t}(A_1 \mathrm{e}^{\mathrm{j}\omega_{\mathrm{d}} t} + A_2 \mathrm{e}^{-\mathrm{j}\omega_{\mathrm{d}} t}) \tag{1-36}$$

其中, A_1 和 A_2 为共轭复常数,可设 $A_1 = (a - \mathrm{j}b)/2$, $A_2 = (a + \mathrm{j}b)/2$ 代入方程(1 - 36)可得

$$x(t) = \mathrm{e}^{-\alpha t}(a\cos\omega_{\mathrm{d}} t + b\sin\omega_{\mathrm{d}} t) \tag{1-37}$$

进一步化简可得

$$x(t) = Xe^{-\alpha t}\sin(\omega_d t + \varphi) \tag{1-38}$$

其中，$X = \sqrt{a^2 + b^2}$；$\varphi = \arctan\dfrac{a}{b}$。

由式（1-38）可见，由于惰性 W 的存在，$\alpha > 0$，因 $x(t)$ 是收敛的，渐进趋近于0。也就是说，当学生缺少自驱力时，在惰性的影响下，其社会认同难以实现。并且，惰性越大，学生的社会认同趋近于0越快。俗语说得好：很难叫醒一个装睡的人。

当存在自驱力时，设自驱力的形式为 $F(t) = f_0\cos(\omega t)$，此时模型如式（1-39）所示：

$$I\ddot{x} + W\dot{x} + Cx = f_0\cos(\omega t) \tag{1-39}$$

此时，方程为二阶常系数非齐次微分方程，该方程的解包含通解与特解两部分。该方程的通解如式（1-38）所示，因此只需求解该方程的特解。

设其解为 $x(t) = X\cos(\omega t - \varphi)$，求解得到：

$$X = \frac{f_0}{I\sqrt{\left[\left(\dfrac{C}{I}\right) - \omega^2\right]^2 + \left(\dfrac{C}{I}\omega^2\dfrac{W^2}{CI}\right)}} \tag{1-40}$$

$$\varphi = \arctan\left(\frac{\dfrac{W}{I}\omega}{\dfrac{C}{I} - \omega^2}\right) \tag{1-41}$$

由特解可见，在自驱力的作用下，学生的社会认同不再会由于惰性影响趋近于0。学生能够实现的社会认同与自驱力大小 f_0、自驱力与学生自身机遇和天赋的相对关系 $\dfrac{C}{I} - \omega^2$，以及惰性 W 有关。

$$\frac{C}{I} - \omega^2 = 0 \tag{1-42}$$

也就是说学生的自驱力也应该与自身的天赋和机遇相匹配，这样才能最大程度实现人生认同。此时，社会认同与自驱力大小呈正比，即自驱力越强的学生，其能实现的社会认同也越大。同时，也可以看出，随着惰性的增大，也会影响学生实现其社会认同。当惰性趋近于0，同时学生的自驱力与天赋和机遇相匹配，此时，学生能达到的高度是无穷的，其能创造的社会认同也是无限的。

之前讨论的情况均为学生惰性大于0，也就是说默认学生都趋向于将自己置于舒服的状态下。但是现实生活中，也存在着那种孜孜不倦、刻苦努力的学生，他们以理想作为内在驱动力，也就是说也会存在一种学生，其惰性小于0。下面对这种情况进行进一步分析。

当学生惰性小于 0,也就是说学生勤奋刻苦时,其模型的解为

$$x(t) = Xe^{-\alpha t}\sin(\omega_d t + \varphi) \tag{1-43}$$

其中,$\alpha = W/(2I)$,由于 W 小于 0,因此该式为指数型发散的。也就是说,只要学生愿意努力拼搏,勤奋向上,那么不论天赋与机遇如何,其能实现的社会认同度总是在慢慢积累慢慢变大的。同时根据指数函数爆炸增长的机理,当初始值越大,其爆炸增长的时间点越早,而初始值 X 与天赋以及机遇相关,如果勤奋加上机遇以及天赋,那么可能在人生中,会做出改变世界的成就。

最后对这几种情况进行总结,如表 1-8 所示。

表 1-8　几种情况的总结结果

自然科学	工科学生认知与成长
$W > 0$, $F(t) = 0$ 时	无法实现社会认同
$W > 0$, $F(t) > 0$ 时	能够得到一定程度的社会认同
$W > 0$, $F(t) > 0$, 且 $\dfrac{C}{I} - \omega^2 = 0$ 时	得到很高程度的社会认同
$W < 0$ 且 I、C 较大时	会做出改变世界的成就

从表 1-8 中可以看出,天赋 I、惰性 W、机遇 C 是学生及其进步的参数,而学习自驱力 $F(t)$ 则决定着学习的动力。可以说,自驱力决定了一个人能否得到社会认同。知识、能力和素质获得提高,需要努力、机遇和天赋的配合。

本书将在第 5~7 章,讨论天赋 I、惰性 W、机遇 C 相关参数对成长的影响规律。在此之前,第 2 章介绍自驱力的大小,第 3 章讨论自驱力的方向,第 4 章介绍自驱力的做功效果。

第2章

学习的驱动力

——好奇心是推动前进的势能梯度

前文论述育人过程的数学建模,在数学模型表达式的右端,就是学习的驱动力。很多教育学专家认为:好奇心是推动学习的重要驱动力。而心理学将个体遇到新奇事物或处在新的外界条件下所产生的注意、操作、提问的心理倾向定义为好奇心。好奇心是个体学习的内在动机之一、个体寻求知识的动力,是创造性人才的重要特征。

工业化时代,形成了学科,固化了知识点。熟练掌握这些知识点(又称为考点),将培养出熟练的产业工人。因此,只要会考试,基本上就会操作机器。好奇心是否旺盛看似对成长影响不大,但实际并非如此。试想一下,如果没有思考和创造,仅仅重复一成不变的既定动作,迟早会被这个瞬息万变的时代所抛弃。

进入信息化时代,知识点在网络上很容易获得。这降低了学习的门槛,却提高了思考的门槛。在信息爆炸的时代,知识网络(即知识点间的关系)才是学习和能力提高的关键。在自然科学体系中,未知的知识点间的关系将是创新发生的新领域。有好奇心,才能学习知识点,思考知识点之间的关系,激发学科的进步。

在第1章的模型中,驱动力 F 就是好奇心的表达。在认识过程中,好奇心是一个循环变化的过程。首先是接触新事物,好奇心开始增长;其次,随着认识的逐步深入,好奇心开始衰减;再次,随后的一个阶段产生批判性审视,好奇心促使进入"思辨式"的认知过程;最后,随着对认知的全面掌握,好奇心逐渐消失,开始聚焦到另一个未知事物。学习和认识是一个螺旋上升的过程,好奇心是这个过程维持的关键,是驱动学习和成长的"势能梯度"方向。好奇心越强烈,驱动梯度越大,学习就越有动力。图 2-1 给出了好奇心的循环变化过程。

知识点相互串联形成知识网络,知识点与知识点之间往往有"知一得二"的交融关系,这就使知识网络中的未知节点变得尤为重要。好奇心

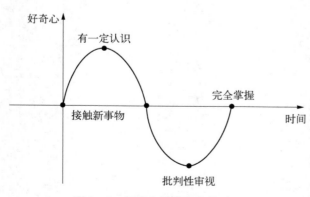

图 2-1　好奇心的循环变化过程

就表现在对知识网络中未知节点的探索。

2.1 由知识点组成的知识网络构建了工业文明

知识点就是以往每门课的考点。如果课程之间是相互独立的,知识点联系就是局部的,导致"课程-学科"之间没有协调和统一。

这种情况下,课程仅仅是某个知识领域中各种事实的汇总,例如 4 个强度理论、临界转速的概念。而学科反映的是能够揭示真相背后的思维方式。科学家理解理论、假设和实验数据之间的关系;历史学家理解历史事件的不可重复性,探究人类在整个历史过程中的作用、动机和所扮演的角色;教育学家则将知识点与实践融会贯通,引导学生将记忆知识转换成实际使用价值。但目前的笔试考核内容,主要还是侧重在知识点的记忆和考核。学生记忆了,不理解,很快遗忘了;学生记住了,不会用,很快过时了。

应该拆除专业的壁垒,由需求驱动。需要什么知识,就去自学/探索什么知识。特别是学生要关注交叉学科的领域。

目前科学研究的新热点通常出现在学科交叉领域,这是学科研究中最为活跃的增长点,现如今的社会发展问题、人类重大科技进步、学科未来发展趋势等,也越发呈现出这种多学科协同的特点。在各项科学奖项——如诺贝尔奖的获奖成果中,多学科交叉融合的成果占到了一半,而且还在日益增加。1986 年诺贝尔基金会主席在颁奖致辞中这样说道:"从近年来诺贝尔奖获得者的人选可明显看到,物理学和化学之间,旧的学术界限已在不同的方面被突破。它们不仅相互交叉,而且形成了没有鲜明界限的连续区,甚至在生物学和医学等其他学科,也发生了同样的关联"。

【航空发动机故障诊断】

具备故障预测与健康管理能力是第四代航空发动机的典型特征之一。航空发动机故障诊断学正是支撑这一技术需求的学科。涉及固体力学、空气动力学、热力学、传热学、燃烧学、机械学、材料学、模式识别、信号处理以及计算机科学,是一个典型的多学科交叉后,形成的新兴学科。

——《航空发动机故障诊断》

以航空发动机故障诊断为例,由于航空发动机运行条件复杂苛刻,其故障问题常常是流场、应力场、电磁场、声场、温度场等多场耦合问题,诊断与预测时需要考虑多学科的交叉融合。未来航空发动机将要适应更加极端恶劣的条件,学科交叉的程度也会更加深入、需求更加丰富。

各个学科都呈现出这样的特点,学科与学科之间的壁垒变得模糊,呈现出"牵一发而动全身"的态势。这就要求这种新形势下培养的人才拥有更为全面的学习能力、更高的知识接受能力,同时也对教师的知识水平提出了更高的要求。图 2-2 为航空发动机故障诊断学科的多学科交叉研究需求。

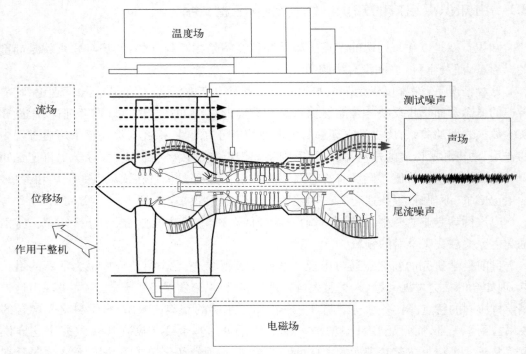

图 2-2　航空发动机故障诊断学科的多学科交叉研究需求

　　热机推进系统从工作原理上就决定了它必然是一个多学科交叉的问题[8-14]。这并不是一个特例,物联网工程、数字媒体技术工程、机器人技术工程等新工科专业,都因为其复杂、新兴的工作原理,而具有多学科交叉的特点。因此,新工科课程的定位和安排应该尽可能地考虑多学科交叉的问题。

　　多学科交叉将知识点连接成知识网络,各知识点之间存在联系,要想理解一个知识点往往需要同时理解多个知识点。解决实际问题时,学科交叉融合的特点也非常突出。以故障诊断学科为例,定义课程的要素。除了传统学科以外,大数据、深度学习、虚拟现实、云计算等热门信息技术也已融入故障诊断学科,利用信息丰富的发动机振动数据进行故障预测,通过计算机强大的计算推理能力,在巨大的数据中找寻我们还未知的故障规律,正成为研究热点。总的来说,航空发动机故障诊断已呈现出多学科交叉融合的新特征,这需要从业者具有良好的基础学科研究能力;具有完备的学科体系观;具有专业的发动机工程背景;掌握前沿资讯、阅读丰富的文献;还需要了解各融合技术的通用性。

　　由此可以类推至全行业,各类实际问题都是学科交叉的综合问题,这就要求学生成为综合性人才,除了"精专研"还要"广涉猎"。

　　当今备受瞩目的新兴行业——工业互联网安全行业,在数字信息发展中破土而出。它的发展涉及工业控制与自动化、电子信息通信、网络安全等多个学科,也是多学科交叉的典型例子。

　　行业知识体系更加综合,势必成为未来的发展趋势。例如:汽车行业未来将往无人驾驶方向发展,在应对其实际情况时,除了要考虑传统的车辆工程问题,还需结合自动化、人工智能等问题。

　　图 2-3 给出了动力机械(以航空发动机为例)的知识框架。

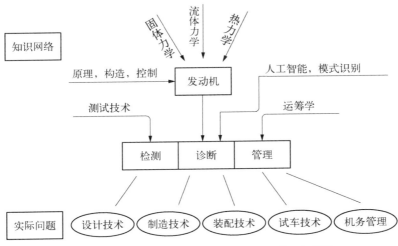

图 2-3　动力机械(以航空发动机为例)的知识框架

【新能源】
　　对当代最新发现或尚待发现的能量资源(如太阳能、风能、地热能、核能等)进行研究、调查、设计、勘探、开采、施工建设直至利用等一系列的生产技术活动。新能源开发是能源开发的重要组成部分。

——《燃烧学》

　　随着多种新型能源的利用开发,在"能量获取""能量传输""能量利用"三个过程中,未来的能源行业将拥有更加丰富、绿色的框架。

　　如今的能源利用不仅讲究高效,还追求绿色、可再生,适应可持续发展趋势。已经广泛利用的煤炭、石油、天然气、水能等能源,称为常规能源;新能源,又称非常规能源。新能源是指传统能源之外的各种能源形式。这些能源都是刚开始开发利用或正在积极研究、有待推广的,其一般都是新技术基础上加以开发利用的可再生能源,包括太阳能、生物质能、风能、地热能、潮汐能,以及海洋表面与深层之间的热循环所带来的能量等;另外,氢能、沼气、酒精、甲醇等也是新能源的种类之一。随着现有常规能源所带来的环境问题日益突出,又具有一定的有限性,以绿色环保和可再生为特质的新能源越来越受到各个国家的重视。图 2-4 给出了未来能源利用的知识框架。

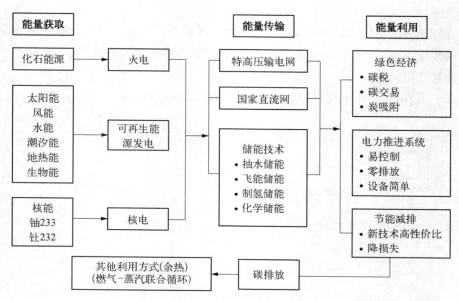

图 2-4 未来能源利用的知识框架

各个学科趋向交融化,这就大大增加了人才培养的难度,教师作为学生的引领人,同样任重而道远。

2.2 学习是将知识揉碎了重构

在学习的过程中,学生应该锻炼自己发现规律、整合知识点、表达解释知识点的能力,尝试将知识网络串联,在老师的帮助下将晦涩难懂的知识点揉碎,重构成为通俗易懂的知识点,便于自己的理解与接受,有利于知识的消化。总的来说,学习的过程,其实就是知识内化-显化-再内化的过程。表 2-1 列出了专业课教师进行知识重构的流程。

表 2-1 科研与教学过程的融合步骤

步骤	科研活动	教学活动
第一步	发现规律	科学研究
第二步	规律显性化	更新教材
第三步	提炼共性,揭示本质	授课准备,教学内容重构
第四步	验证教学内容的工程时效性	教学评价

2.2.1 发现规律

科学研究,这是教学中的第一步。师生们在科学研究过程中发现规律,传播规律,学习规律。同时,也要求教学和科研促进相长,将科研中最新的理论和成果、技术更新到教学中。这个过程可以参考知识工程。

【知识工程】

　　"知识工程"是一门新兴的工程技术学科。它产生于社会科学与自然科学的相互交叉和科学技术与工程技术的相互渗透。

　　"知识工程"研究的内容是如何组成由电子计算机和现代通信技术结合而成的新的通信教育、控制系统。"知识工程"研究的中心是"智能软件服务",即研究编制程序,提供软件服务。

——《人工智能导论》

借助"知识工程"知识点的描述,发现规律的过程包括 5 个步骤。

(1)知识获取。

知识获取包括从人类专家、书籍、文件、传感器或计算机文件获取知识,知识可能是特定领域或特定问题的解决程序,或者它可能是一般知识或者是元知识解决问题的过程。

(2)知识验证。

知识验证是知识被验证(例如,通过测试用例),直到它的准确性是可以被接受的。测试用例的结果通常被专家用来验证知识的准确性。

(3)知识表示。

获得的知识被组织在一起的活动称为知识表示。这个活动需要准备知识地图以及在知识库进行知识编码。

(4)推论。

这个活动包括软件的设计,使电脑做出基于知识和细节问题的推论。然后该系统可依据推论结果给非专业用户提供建议。

(5)解释和理由,包括设计和编程的解释功能。

"知识工程"的过程中,知识获取被许多研究者和实践者视为一个瓶颈,限制了专家系统和其他人工智能系统的发展。科学研究进而发现规律,这是教师传播知识的第一步,是一个将知识内化于自身的过程。

2.2.2　规律显性化

对学生来说,学习就是消化教材。在发现规律之后,如何将规律表达出来,使之显性化,成为自己更容易接受的知识点,是至关重要的一环。规律的显性化实际上体现在对所学教材的理解总结中,可通过笔记总结、思维导图整理、流程图分析等方式理解教材,并将课本上的各知识点串联起来,使之成为一个完整的体系。通过对教材的理解,还可以帮助自己树立新的学习目标,拓展自身的学科理论知识体系。

以航空发动机故障诊断学科为例,随着航空发动机推重比/功重比要求的不断提高,所呈现出的学科规律如下。

1. 学科目标

针对高推重比/功重比燃气涡轮发动机结构特点,以高温、高压和高转速下的长期运行作为边界条件,以建立故障模型、仿真和实验获得故障特征、开发故障诊断预测算法为主要手段,解决航空发动机故障诊断中的科学问题。

形成性能、振动和滑油信号的采集、监测、分析、识别和诊断的处理方法,建立发动机典型故障特征提取和辨识流程,探索发动机健康状态的评估和预测技术。

2. 基本问题

典型故障的建模问题;故障特征及随变规律的仿真问题;实验数据的统计与分析问题;健康状态的评价与结果可视化问题。

3. 研究任务

性能、振动和滑油参数的实时监测技术及方法;典型故障机理及诊断特征分析;健康状态评估、预测及发动机状态管理技术。

图 2-5 给出了航空发动机故障诊断(prognostics and health management, PHM)学科的理论体系和技术内容。

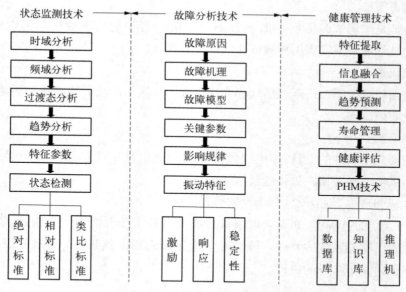

图 2-5　学科的理论体系和技术内容

4. 新理论与发展方向

物联网/传感器技术在故障诊断学上的应用;人工智能和故障诊断学的算法融合;大数据和云计算对故障诊断学的推动;耦合故障特征的多域仿真;数字孪生在故障诊断学中的实践。

图 2-6 展示了航空发动机结构动力学设计中的新方向和新技术。

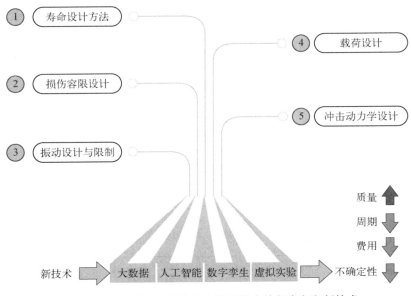

图 2 - 6　航空发动机结构动力学设计中的新方向和新技术

可以看出航空发动机故障诊断学涉及固体力学、空气动力学、热力学、传热学、燃烧学、机械学、材料学、模式识别、信号处理以及计算机科学,是一个典型的多学科交叉后形成的新兴学科。

本专业学生的学习应该兼顾多学科综合,将学习到的知识整理、联系到一起。即:根据发动机实际故障研究的需要,以本专业知识体系为主,组合所有适用学科进行区分主次的学习。并以发动机实际工程问题为基础,更加关注现实问题、解决现实问题。这种针对发动机进行的综合性学习,可以获得更加全面、具体的信息,培养全面的学业水平能力,从而提高对研究对象深度和广度的了解,对解决实际工程问题有更大的意义。

2.2.3　提炼共性,揭示本质

对学生来说,学习就是记忆理解。在对课本的知识点进行整理之后,需要将已经显性化的知识理解记忆,这又是一个内化知识的过程,与上述"发现规律"过程不同的是,这是一个将已经揉碎的知识点进行重构的过程,经过"规律显化"的知识点更易消化,学生可以用形象的方式形成长期记忆。

在学科融合的大环境下,学科与学科之间的共性越来越多。例如:经典物理学和数学交叉生出了量子物理学、机械电子自动化和生物学交叉生出了仿生学,进而延伸出雷达、声呐等技术。

以共性作为切入点,尝试揭示其本质、深入理解交叉融合出的新学科,这是新时代对学者的要求。

可以用"盲人摸象"来类比人类对多学科交融的研究:各种已有学科在社会中融合成

"象"(即多学科融合成新工科),在未知领域探索的研究者则是"盲人"。不同的盲人摸到象的不同部位,是不同领域的研究人员对新工科的初步研究过程。而跨学科研究就相当于一个盲人为了了解大象,一会儿摸摸大象的鼻子,发现像蛇,一会儿摸摸大象的耳朵,发现像扇子,此时的研究员处于新工科的中期阶段。

当盲人判断出大象实际上就是带柄的芭蕉扇,他就做了交叉学科,也就是从一个新的侧面看待问题。

盲人根据长矛与扇子的共同点进行判断最终得到结果,这个"交叉点"将两个学科融合在一起,但超越于两个或多个学科中的任何一个,具有与已有不同学科看问题的新视角,形成新的学科认识。研究盲人产生从新视角摸大象的行为规律,便是对多学科融合的探究。表 2-2 给出了机、液、电参量对照表。

表 2-2   机、液、电参量对照表

对比参量 ＼ 作用元	阻 性 元	容 性 元	感 性 元
机	阻尼(黏性): $R_m(N \cdot s/m)$ $F = R_m v$ F 为黏性摩擦力 v 为运动速度	刚度:$k(N/m)$ 柔度:$C_m = 1/k(m/N)$ $F = kx = 1/C_m \int v dt$ x 为位移 v 为运动速度	质量:$m(kg)$ $F = ma = m dv/dt$ a 为加速度 F 为惯性力
液	液阻:$R_h(Pa \cdot s/m^3)$ $p = p_1 - p_2 = R_h q$ p 为压力 q 为流量	液容:$C_h(m^3/Pa)$ $C_h = V/K$ $p = 1/C_h \int q dt$ V 为液体体积; K 为体积弹性模量	液感:$I(kg/m^4)$ $I = \rho l/A$ $p = p_1 - p_2 = I dq/dt$ A 为管道截面面积; l 为管道长度; ρ 为密度
电	电阻:$R(\Omega)$ $u = Ri$	电容:$C(F)$ $u = 1/C \int i dt$	电感:$L(H)$ $u = L di/dt$
对应参量	$F, p, u; v, q, i; R_m, R_h, R$	C_m, C_h, C	m, I, L

2.2.4   重构效果评价

知识传授的根本标准是:坚持面向世界科技前沿、面向经济主战场、面向国家重大需求、面向人民生命健康。重构后的知识点,必须经得住工程需求的考验。实践才是检验教学内容时效性的唯一标准。

同时,学生应该对自己的学习效果进行评价,看自己是否理解了知识点,是否可以将知识点应用到现实中去,学习之后进行及时的、量化的教学评价,对于学生来说尤为重要,它促使学生查漏补缺,更好地进行下一阶段的学习。

2.3　知识网络是探索素质培养的框架

　　知识网络是学科交叉融合中的一个重要概念,它是指知识点与知识点之间的内部联系网络,以及知识参与者之间的社会网络。能够实现知识之间的融会贯通,以及个人、组织(教学团队)与组织外部(社会)的知识创造与传递,人们透过知识网络理解知识点,并进行信息交流、合作探究。知识网络最终的目标是把技术与人连接起来。

2.3.1　知识的表达

　　图 2-7 给出了知识网络,扁平代替金字塔式。知识的金字塔模型,以最底层的数据为基石,往上是信息,再往上是知识,最顶端代表的是智慧。在从前,人类通常是以这种金字塔模式作为处理信息的方式,最开始的数据本身没有价值,需要通过处理数据得到数据中体现的信息,最后通过处理这些信息得到所需的知识。在这个模式下,最底层没有价值的数据不值得传播,人们通常会对数据进行处理,选择处理过的、可视化的更上层信息与知识来传播。

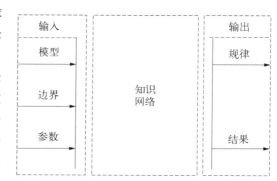

图 2-7　知识网络

　　哈佛大学著名互联网研究学家戴维·温伯格说过:"在金字塔模型中,我们处理知识最基本的策略就是过滤、筛选。比如我们会设计一个复杂的过滤系统,过滤掉大多数人写的东西,只剩下精品才能发表出来,那这个过滤系统可能就是杂志编辑部。这种靠中央权威机构来过滤的模式,就是金字塔模型。我们的商业、文化、科学、政府都是围绕着中央权威来运行的"。这句话能很好地形容金字塔模式的信息传递方式。

　　在现代社会,信息传递的终点逐渐被弱化,在知识网络中,每个节点相互连接,不再有明确的终结点,它们构成了一个扁平的网,一个知识点串联出好几个知识点,进行知识的延伸,这就使得知识网络变得无穷无尽。

　　知识的证伪,随时可以找到恰好的事实,故而伪知识更多。

　　现代社会也逐渐弱化所谓的权威,信息的传递不单是由某个人或某个组织来决定的,更是每个人探索与交流得到的结果,人类获得信息的渠道增加,获得的信息不再是精选过的,它有优有劣,需要我们的辨识。

　　中国著名教育家雷颐如是说道:"各级各类学术刊物数不胜数,使人目不暇接,但细细读来,那一篇篇填充版面的学术文章绝大多数都是低水平重复,一番宏论之后却是空洞无物,真正有新意、有创见,哪怕是把一个小问题的研究略微向前推进一步的文章实不多见,屈指可数"。

伪知识变多了,学生对于信息的整理能力就变得更为重要。学生必须有求真精神,让自己学到真知识,开拓创新。

正如陶行知先生所说:"二十世纪以后的世界,属于努力探获真知识的民族。凡是崇拜伪知识的民族,都要渐就衰弱以至于灭亡"。

2.3.2　知识点之间的联系

知识点的衔接往往是由浅到深递进的,就如数学知识中,先学整数,再学小数,之后就过渡到实数的概念;先由点线面过渡到平面几何,最后过渡到立体几何的学习。这就是知识点之间的联系,知识点之间相辅而成,易是难的根基。

学生遨游学海,应该先学习基础学科,再由通识深入到专业知识,最后走向研究生的学习生涯。此时的学生便不仅仅是学习前人留下的学习经验,更重要的是寻找突破。图2-8给出了航空发动机故障诊断人才培养需要的知识体系。

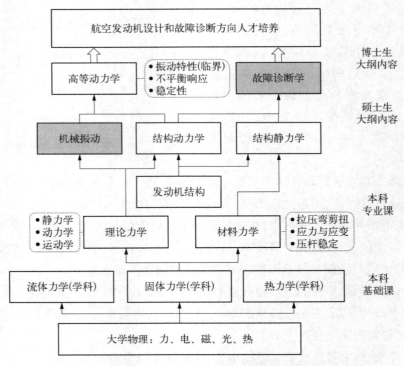

图2-8　航空发动机故障诊断人才培养需要的知识体系

2.3.3　知识网络

一个个知识点因为共性互相联系起来,由于新的知识在社会发展中不断产生,知识点慢慢地结成一张没有边界的大网。当人们在脑海里构建知识网络时,最重要的就是主动思考,只有经过自己主动的思考,知识点才会记得牢固。还要学会联想,当想起某个知识点时,通过联系带出一连串相关的知识点,从而做到融会贯通。

对于新工科来说,知识点最后还需要落实到实践中去,以航空发动机故障诊断这一新工科为例,其构建的知识网络如下:

网络大致可分为理论、模拟实验、工程实践 3 个部分。图 2 - 9 给出了航空发动机故障诊断学科的知识网络。

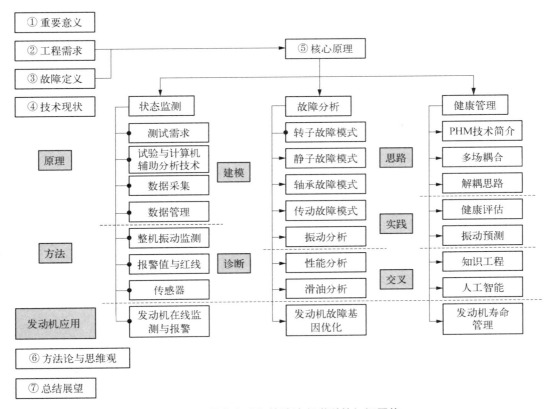

图 2 - 9　航空发动机故障诊断学科的知识网络

每一部分涉及多学科交融的研究,可以反映出知识点之间紧密的联系。学生在学习过程中要体会这种联系,不仅参与理论学习,还要将理论过渡到实践中去。这就要求高校在学科设计时,既要开设理论学习的课程,还要开设动手实践的实验、实习课程。由于航空发动机故障诊断是以解决实际问题为出发点,考虑到学科的实用性,更应该采用情景式教学。

不仅是航空发动机故障诊断领域,其实每一个研究领域,无论工科、理科还是文科,都会涉及理论和实践的知识。理论将最高深和正确的知识概括起来,它是运用于多数普通情境的笼统性说法。而实践要将这些概括性说法运用到具体的工作中,这就会出现许多无法预料的情况。

因此,在日常学习中训练学生解决特殊问题的实践能力,就变得十分重要,新工科无一例外都有这样的特点。

知识网络可以分为线性与非线性网络。网络中,能力是掌握知识点间的关系;创新就是网络中的未知节点;素质是应用网络的结果;节点权重是学生个体的经验。图2-10给出了知识网络的常见类型。

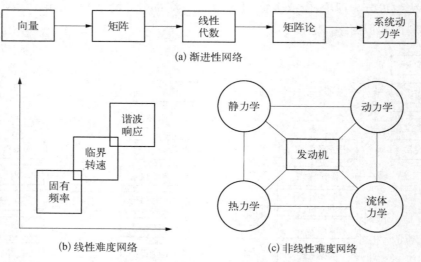

图2-10 知识网络的常见类型

新工科建设的核心和实质是,探究交叉学科环境下引申出的未知节点。

2.4 知识网络未知节点将激发学生的好奇心

知识网络之间的未知联系,促进交叉学科的产生。如前面所提到的:在诺贝尔获奖成果中,多学科交叉融合的成果占到近一半并且呈现持续上升趋势。对于未知的好奇与想象会激发创新,促使学生深掘未知节点,探求其中的奥秘,历史上许多发现与创造都由此而得。例如:1869年由俄国科学家门捷列夫首先创造的化学元素周期律,就是好奇激发创造的典范。门捷列夫将当时已知的63种元素按照相对原子质量的大小排列成表,有相同化学性质的元素排成一列,最终得到元素周期表的雏形,而如今我们所熟知的当代元素周期表,是在门捷列夫的基础上经过多年修订而形成的。

【化学元素周期表】

根据原子量从小至大排序的化学元素列表。列表大体呈长方形,某些元素周期中留有空格,使特性相近的元素归在同一族中,如碱金属元素、碱土金属、卤族元素、稀有气体,非金属,过渡元素等。这使周期表中形成元素分区且分有七主族、七副族、Ⅷ族、0族。由于周期表能够准确地预测各种元素的特性及其之间的关系,因此它在化学及其他科学范畴中被广泛使用,作为分析化学行为时十分有用的框架。

　　俄国化学家德米特里·伊万诺维奇·门捷列夫于 1869 年总结发表此周期表(第一代元素周期表),此后不断有人提出各种类型周期表不下 170 余种。

——《高等化学》

　　在元素周期表中,各元素以原子序数从小到大排列,表中一横行为一个周期,一竖列为一个族。表中位置从左往右原子半径减小,从上至下原子半径增大,这些位置不仅反映了元素的原子结果,也直观地反映了元素性质的变化规律、元素之间的特性联系。以元素周期表为基础,各个元素之间构成了一个完整的、联系井井有条的体系,这是化学发展史上的重要里程碑。

　　元素在元素周期表上的位置可反映元素的内部结构,同一元素周期内,从左到右核外电子层数相同,最外层电子数依次递增,原子半径递减(0 族元素除外)。电子数的不同导致元素的性质有根本性的不同,电子数依次增加,失电子能力逐渐减弱,获电子能力逐渐增强,金属性逐渐减弱,非金属性逐渐增强。元素的最高正氧化数从左到右递增(没有正价的除外),最低负氧化数从左到右递增(第一周期除外,第二周期的 O、F 元素除外)。同一元素族中,由上而下,最外层电子数相同,核外电子层数逐渐增多,原子半径增大,原子序数递增,元素金属性递增,非金属性递减。可见元素周期表可反映出元素的不同性质,虽然具体物质是未知的,但其电子排布不同性质就不同,由此便可预测出新元素的存在,科学家正是用此来寻找新型元素及化合物。

　　对于未知事物的好奇心激发探索欲,最终实现发明创造。当发现原子结构不同时,科学家对此加以证明,找到新元素存在的证据,或是通过手段创造出新的元素。2015 年 12 月 31 日,美国《科学新闻》双周刊网站发表了《四种元素在元素周期表上获得永久席位》的报道。在该报道中,国际纯粹与应用化学联合会(International Union of Pure and Applied Chemistry, IUPAC)宣布,俄罗斯和美国的联合研究团队,已有充分的证据证明其发现的 115、117 和 118 号元素是真实存在的。另外,该联合会也认可了日本理化学研究所的科研人员发现的 113 号元素。两个研究团队通过让质量较轻的核子相互撞击的方式,并跟踪其后产生的放射性超重元素的衰变情况,得到新的元素结构,最终合成了上述 113、115、117 和 118 号四种元素。

　　官方对这些元素的认可意味着它们的发现者有权为其命名并设计符号。113 号元素也由此成为首个由亚洲人发现并命名的元素。2016 年 6 月,国际纯粹与应用化学联合会正式宣布,将 113 号元素命名为 Nihonium,符号 Nh。

　　从上例中可以发现:如果没有形成知识网络,很难激发学生的好奇心。但是,已建成的知识网络,就很容易突破吗?实践过程中,学生可能困惑于:① 不确定性情况的出现;

② 新技术的迅速涌现;③ 信息爆炸。如何快速找到有效的、正确的、适合学习者的方法? 在好奇心的驱动下,探索未知知识,需要聚焦! 读书让你在信息投喂时代"守脑如玉"[15]。

2.5 应用篇

2.5.1 学生说

对于学生而言,保持自己的好奇心是十分重要的,好奇心使学生充满探索新事物的冲劲。由上文的分析可以知道,好奇心随时间的变化呈现出正弦曲线的趋势,当出现一个新鲜事物时,就容易激发出学生的好奇心。

当然,好奇心的产生,还是需要学生对某一新鲜事物有一点认知的,完全的无知并不能激发学生的好奇心:当学生对某项事物一窍不通,也没有与该事物相关知识点的信息储备,最终表现出的,就是对该事物完全"无感"。当学生觉得在某个事物上目前所拥有的认知不够完善,也可以激发出好奇心。当这个事物被完全掌握,就需要等待下一个兴趣点的出现,让好奇心重新被激发。

这个过程中,学校与家庭应该做好引导。教师应该帮助学生将知识点串联,找到其中的"知识突破口",引领学生对未知事物进行探索,引导学生动脑思考、动手实践。

法国自然主义小说家左拉说过:"生活的全部意义在于无穷地探索尚未知道的东西,在于不断地增加更多的知识。"

当学生不断探索更多未知,"知识突破口"越扯越大,未知节点牵扯出更多相关知识点,一张巨大的知识网络逐渐浮现在眼前,要想了解这些知识,学生就会发现自己需要了解和学习的东西越来越多,求知欲就这样在不知不觉中被激发出来,对未知越是渴望,学生就越是会投入更多的时间和精力,这就形成一个探求知识的良性循环。

人类在个体很小的时候就已经体现出了对探索世界的渴望,这是人类的天性,好奇心就是在探索中被激发出来的。长辈的循循善诱是影响学生好奇心的重要因素,教师要以学生朋友的身份,站在学生的角度,而不是"全知全能"的上帝视角来应对学生提出的问题,即使有的时候,学生提出的问题对教师来说是简单的,教师也不应表现出不屑的态度,这会大大削弱学生的求知欲与探索欲。教师应该积极给学生提出意见,引导其深入探索,或者动起手来亲身实验。

由上文的分析可以知道,知识点之间的壁垒不断被打破,构成相互连接的网络,知识点之间"知一得二",这就意味着:了解一个知识点后,就会牵扯出下一个未知节点,这样循环反复没有尽头,需要人们活到老学到老。

当一个知识点以自己所认为的理想状态呈现出来时,人们就以为自己已经完全掌握了知识的全部本质,因此丧失了好奇和探索的欲望,但实际上,探索不应该就此结束,停下探求知识的脚步,其实只是自以为是让人们失去那些好奇和激情。要意识到这一点,人们从始至终都未曾看透过什么东西,这样就能使人们不丢失自己的好奇心。

在信息爆炸的现代社会,存在越来越多的伪知识,要学会辨别这种知识,过滤出对自己有用的信息。区别于从前的金字塔型知识传播体系,在如今的大数据时代,信息增长的速度不断加快,人们所能接触到的信息种类也越来越多,所以,要在海量的信息中,获取到对自己有价值的精选信息,存在着一定的困难。

对所接收的信息做出对比与思考,最后进行信息的归纳总结,辩证地看待知识,通过调查与探究,否定谬论接受真理。当然,学生不应该以全盘否认或全盘肯定的心理对待知识点,要根据实际情况,找到其中对解决实际问题有益的部分,取其精华为我所用,让海量的信息为学生的学习与研究带来更多的正面影响。

保持好奇心、懂得思考信息,并且学会在海量的数据中筛选、过滤出精华的信息,才能让学生在现代社会中稳定向前发展,适应现代社会的快节奏生活,得到更大的学术研究收获。

2.5.2　教师说

由第 1 章所构建的模型可以看出,学生的自驱力 $F(t)$ 由 3 个要素影响,分别是天赋 I、惰性 W、机遇 C。而好奇心是推动学习的重要驱动力,是学生自驱力的重要体现。

同时,好奇心是一种非常有效的学习手段,它是学习的原动力,当有些事情令人感到惊奇,或者有些事情并不符合人们的一贯认知,人就会产生这种好奇心。这驱使着人们必须去找到答案,才能缓解心中的好奇。

作为教师,要努力激发学生的天赋,帮助学生找到机遇,同时督促学生摆脱自己的惰性,除了关注个人价值以外,还要关注社会价值。

好奇心作为学习的自驱力,随时间的推移,其大小发生变化。但是,力的三要素包括力的作用点、力的方向、力的大小,要想自驱力更好地作用于人生,还需要进行进一步的讨论。第 3 章就将针对自驱力的方向进行进一步的分析。

第3章

学习的方向性

——失稳运动对人生发展方向的启示

全国高校思想政治工作会议指出："高校立身之本在于立德树人[16]。只有培养出一流人才的高校，才能够成为世界一流大学"。因此在人才培养的过程中，需要以德才兼备为目标。"立德"强调的是道德养成，"树人"强调的是能力培养[17]。"立德"是"树人"的前提，"树人"是"立德"的目标。这给"自驱动型"大学生培养指明了方向。

经济全球化、社会信息化深入发展，全球新一轮科技革命、产业变革正在加速演进[18]。随之而来的是知识快速增长以及各种跨学科的出现[19]。这就使得在工程实践中，往往需要复合型人才，进而要求只有具有终生学习的能力，才能面对以后社会的需求[20]。赵小丽等[21]认为应该以"解放兴趣"为手段，提升学生的科研兴趣。以此出发，开发学生的内在驱动力，促使"自驱动型"大学生培养。

动力与能源专业的学生培养必须以行业需求为指导。郑中华等[22]提出工程类学科导师队伍偏重论文考核、缺乏工程实践经验，导致了人才培养与行业需求的严重脱节。只有培养的人才符合行业的需求，在学校中所学到的知识才能在工作中发挥作用，最大程度地发挥人才优势。这给"自驱动型"大学生培养点明了评价的根本。

为了培养适应行业要求，德才兼备，同时能应对跨学科时代要求的学生，导师面临着巨大的挑战。校企循环机制使得导师和学生都能明确行业需要哪种人才，从而更为精确地制定培养计划[23]。搭建良好的师生关系，依靠导师的言传身教提升学生的责任与担当[24]。而提升学生的科研兴趣，满足时代要求，则需要对课程结构及培养方式进行改革[25]，例如提升课程质量，完善高校教师评价激励机制和激发大学生课程学习积极性[26]。确立教师参与学科治理的民主参与、利益公共性和权力共享原则和范畴[27]。因此，培养出符合时代需求的人才，还有很长的路要走，学生的学习方向也愈发重要。

3.1 学习需要方向

在航空发动机上，存在涡轮与压气机的叶片不同的现象，这是由于顺压梯度、逆压梯度的不同。叶片机设计需要考虑压力梯度的方向性，否则会因设计不合理，导致效率下降、故障多发（即应该考虑方向性）。

同理,任何做功方式都要考虑其方向性,学习作为人生向前迈步的驱动力,也需要考虑其方向性。

> **【顺压梯度和逆压梯度】**
> 当流体通过球体表面时,它最初是加速的,因此压力沿着流动的方向递减,这称为顺压梯度。但是当超过某个点时,流动就开始减速,所以流动方向上压力又开始增加,这种压力的增加称为逆压梯度,它对靠近壁面的流动有显著的影响。
>
> ——《气体动力学》

学习是成才的过程,成才是高效学习的结果。成为德才兼备的人,成为社会需要的人,成为产生价值的人是学习的方向和目标。带入马斯洛的需求层次结构中,学习的过程就是"满足需求"的过程,而学习的终极目标就是"自我实现"。

马斯洛的需求层次结构是心理学中的激励理论,包括人类需求的五级模型,通常被描绘成金字塔内的等级。从层次结构的底部向上,需求分别为:生理(食物和衣服)、安全(工作保障)、社交(友谊)、尊重和自我实现。这种五阶段模式可分为不足需求和增长需求。前四个级别通常称为缺陷需求,而最高级别称为增长需求。图 3-1 给出了学习的过程就是"满足需求"的过程。

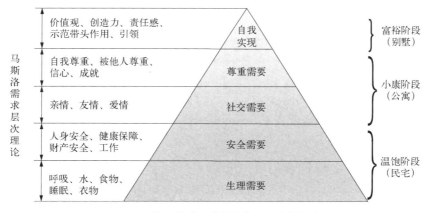

图 3-1 学习的过程就是"满足需求"的过程

随着工业革命的发展,从工业 1.0 到工业 4.0,从蒸汽时代到信息时代,国家的战略需求在不断改变,人才培养应该紧紧抓住国家发展战略,瞄准关键技术,将个人能力用在刀刃上。

具体而言,人类社会经历的四个时代如下。

工业革命:第一次工业革命 18 世纪 60 年代~19 世纪中叶,以蒸汽机为代表;第二次工业革命 19 世纪下半叶~20 世纪初,以电力为代表;第三次工业革命 20 世纪四五十年代至今,以计算机为代表的信息技术;我们正在经历第四次工业革命,绿色、数字化、智能化是发展趋势,本阶段的代表属性很多,如以高级智能机器人为代表。

蒸汽时代：随着一种新的动力机器蒸汽机的发明和应用,将人类带入了蒸汽时代。在这个时期,资本主义的机器大革命开始出现,资本主义的世界体系开始初步确立。

信息时代：随着计算机的出现及其逐步普及,网络技术的应用也在迅速发展,信息对整个社会的影响已然提高到一种绝对重要的地位。信息量、信息传播与处理的速度都在以几何级数的方式增长,人类走进了信息时代。这个时代背景下,人们的学习速度在不断加快,直到从数字处理时代进入到微机时代,最终到网络化时代,该过程中人类学习速度也变得越来越快。图3-2给出了从工业1.0到工业4.0的发展过程,图3-3给出社会变革过程。

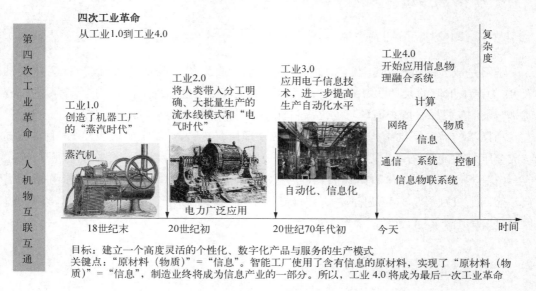

图 3-2　从工业 1.0 到工业 4.0

图 3-3　社会变革过程

同时,人类社会发展至今,经历四次工业革命和无数意识形态变革,已经形成了四个人类文明板块,即:

(1)农业文明:稳定化——天文学、地理学;

(2)工业文明:城镇化——数学、物理和化学;

(3)信息文明:网络化——外语、金融和贸易学;

(4)智能文明:知识化——新工科、交叉学科。

其中智能文明是人类社会新兴拓展的领域,身处智能化时代中,学生应该尽快适应智能文明所带来的生活革新,身处在时代浪潮中就要破浪前行。

智能文明的特点:头部流量、长尾效应、内卷效应。

新时代的竞争力巨大,要想从中胜出就必须掌握合理的竞争方法。想要在竞争中胜出,需要掌握如下 3 种能力:

第一,预见趋势的能力:把握未来发展前景与研究热点,学习便快人一步,收获也将更大。第二,面对不确定的能力:竞争中的不确定因素很多,社会学家将这个时代的特点总结为 VUCA(volatile,uncertain,complex,ambiguous),即:易变性、不确定性、复杂性和模糊性。不可预测且有极大影响的"黑天鹅事件"日益增加,身处这种环境下,谁在不确定因素前更平稳、更能沉得住气,谁的竞争优势就更大。第三,学习的能力:无论是在学校还是走出社会,如何安排学习时间、怎样学习以及如何应用学习成果,都关乎竞争输赢,无论多高学历的人才,如果停下学习的脚步,就很可能被这个世界淘汰。特别是在如今这个科技不停发展的未来信息时代和全球化进程不断推进的未来国际社会,不会终生学习的人会被更快地淘汰。

优胜劣汰从来都是社会上的自然规律和生存法则,应该养成终身学习的良好习惯,活到老,学到老,不断更新知识结构,时刻保持强烈的求知欲望。这就要求学生拥有以上 3 种能力,提高自己应对时代竞争的抗打击能力,增强学生在社会上的竞争力。

从通识教育中,学生应该培养如下内核能力:

第一,学生应具有把握趋势的洞见:现有的事物正在不断地升级与交融,这使得很多新学科新事物如同雨后春笋不断迸发,我们正处在一个液态的世界,不断地在流动和升级;

第二,学生应拥有解决问题的思路:"授人以鱼不如授人以渔",学会解决问题比知道正确答案更重要;

第三,学生面对困难时应要懂得坚持:现在事物的复杂性,决定了研究过程的耗时与困难,必须有坚强的毅力才能应对困难;

第四,学生应学会引领合作:面对复杂的学科交融,单打独斗已经不再受用,要做合作中的领头羊,以探究、合作的方式进行教学,把学习的主动权交给学生,激发出学生的奇思妙想,培养学生的领导能力,提供给学生更多的展示自己的思维方式与解题策略的舞台,让学生有更多针对思维结果自我评价的机会。

3.2　主流价值观指导学习的方向

　　首先需要明确"什么是成才"？怎样通过学习,大学生将成为"人才"？这是"自驱动型"大学生的学习和成才目标。我国高等教育是建构在中国特色社会主义制度基础上的,基本的目标是培养为中国特色社会主义服务的各类高层次人才,基本的标准是德才兼备。

　　"德"是第一位的。在我国,无论是社会科学人才还是自然科学人才,一定要有强烈的国家认同和民族认同,有为民族复兴奋斗的强烈使命感。

　　"才"是指具有研究和创新能力的高层次人才。针对不同类型的大学生,研究和创新也不尽相同。落实到具有行业特色大学的"动力与能源专业",博士的要求是探索前沿基础理论,创造性地提出新原理、新概念,发现新的科学现象;而学术型硕士集中在突破关键技术和综合技术创新。博士应该具有独立从事学术研究的能力,硕士应该具有解决当代社会、经济和产业发展中所面临的实际问题的能力。

　　学生的个人成长是"知识→能力→素质"的培养过程,知识是能力的基础,素质是能力的升华。现代人才培养中的素质教育强调学习能力、创新能力、合作能力和服务社会的意愿。学生的个人成长与现代人才培养过程相适应。图3-4是发动机故障诊断通识教育的育人思路,展示了学生成长的4个阶段:入学教育→基础教育→专业知识教育→学以致用,将其投射到4年的本科教育中,对应的通识教育知识体系应该包括:心理学基本知识、力学基础、结构力学和故障诊断。学生通过通识教育,最终达到"认识发动机→设计需求的逻辑分解→抽象建模求解→主动探索未知规律"的4阶段学业目标。

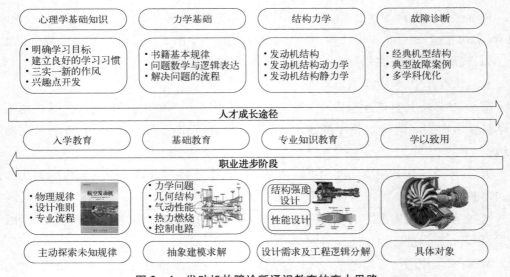

图3-4　发动机故障诊断通识教育的育人思路

　　技能教育向通识教育的过渡,可以培养学生系统学习的思维方式。从总体层面规划,梳理故障诊断知识网络,建立以知识点为主线的学习计划,学生应积极参加以疏通知识点间联系为目标的实践活动。同时,现代通识教育在最合适的知识网络节点处增加了思政教育、爱岗敬业教育、军工报国教育,更有利于学生成为高素质人才。

　　理想和信仰可以决定技术做功的方向性。这就需要学者有更加坚定的决心,稳定自己的信仰与理想,瞄准国家需要的关键技术,将能力用在利于社会的方向。也就是说希望学生有所成就,并且是在国家民族所需要的领域,而不是危害社会的方面。在动力学模型里面,可以归纳为,希望系统是一个稳定的系统,同时希望符合主流社会价值观。

【运动稳定性】

　　物体或系统在外干扰的作用下偏离其运动后返回该运动的性质。若逐渐返回原运动则称此运动是稳定的,否则就是不稳定的。对任何运动,外干扰都是经常存在的,因此可以说,物体或系统的某一运动的稳定性就是它的存在性,只有稳定的运动才能存在。

【迟滞现象】

　　带裂纹构件受交变载荷时,只要其中某一循环中的应力过大,就会大大延缓疲劳裂纹扩展的速率,此即迟滞现象。

——《断裂力学》

　　希望系统是一个持续良性发展的系统,其幅值是可控的,因此系统不能产生失稳,即保持运动稳定性。同时,希望成就在国家和民族所需要的领域,因此系统不能产生次谐波等振动成分。在学生的学习过程中,常常会出现学习的方向与学科需求之间存在滞后,表现为在学校学习的内容与国家需要的关键技术脱节,这种情况下,会对学生的学习生活产生较大的影响。下面对这种迟滞现象进行建模分析。

【转子失稳】

　　在转子动力学中,不稳定通常是指不存在或不考虑周期性干扰的情况下,转子在受到偶然的微小扰动后产生强烈横向振动。

——《转子动力学》

　　类比工程实践中,工程材料也有着应变落后于应力变化的现象,称为迟滞现象。通过力学发现,动力机械工作在位移场、流场、磁场等多场耦合的情况下,会出现这类迟滞现象。图 3-5 给出了典型的迟滞现象。

　　上述迟滞现象实际上是多场耦合失稳的根源及本质特征。表 3-1 总结了动力机械中常见的多场耦合至失稳的失稳力、影响因素、失稳案例和失稳特征。表中最右一列,是人才培养中由于努力滞后于社会需求可能带来的问题。

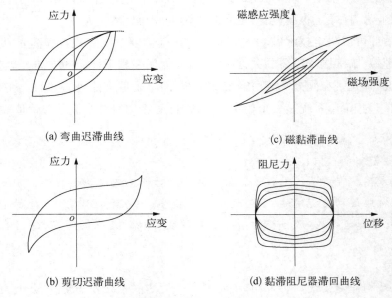

(a) 弯曲迟滞曲线

(c) 磁黏滞曲线

(b) 剪切迟滞曲线

(d) 黏滞阻尼器滞回曲线

图 3-5　典型的迟滞现象

表 3-1　由于努力滞后于社会需求可能带来的问题

失稳类型	构构耦合	气构耦合	液构耦合	磁构耦合	成长过程
失稳力来源	摩擦力	气动激振力	油液激振力	电磁力	自驱力 F
失稳原因	应变滞后于应力	气体运动滞后于转子运动	液体运动滞后于转子运动	磁化强度滞后于磁场强度	学习方向滞后于学科需求
影响因素	接触面摩擦系数、自转与公转速度差、外阻尼	转速、叶顶尖间隙	液体黏性、自转与公转速度差、外阻尼	磁场强度、电流	学习方向与学科需求之间的差距、惰性
失稳案例	套齿内摩擦失稳	叶顶尖激振失稳	盘腔积液失稳	永磁电机振动超标	高学历犯罪分子
失稳特征	固有频率	产生次谐波	固有频率	固有频率	学生出现反社会行为

　　表 3-1 中分析出的失稳现象,表现出机械结构振动的突然增大,如图 3-6 所示。其中机械失稳频率为次谐波。学生的学习过程产生失稳,意味着学生行为变得不可控,而产生次谐波频率的振动成分,意味着学生努力的成果可能是在危害社会和国家的方面。因此需要对这种迟滞失稳进行建模分析。

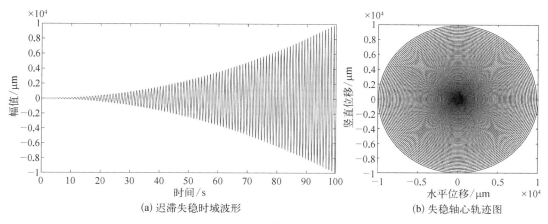

(a) 迟滞失稳时域波形　　　　　　　(b) 失稳轴心轨迹图

图 3 - 6　迟滞引起的失稳

【黏弹性理论】
　　该理论将现实情况简化成一个模型,模型由一个弹簧和一个阻尼并联组成。

——《工程力学》

　　对于这种迟滞现象,采用开尔文-沃伊特(Kelvin - Voigt)黏弹性理论的一维本构关系进行描述,其应力应变关系如下:

$$\sigma = E\varepsilon + \mu \frac{\mathrm{d}\varepsilon}{\mathrm{d}t} \tag{3-1}$$

其中,σ 为应力;E 为杨氏模量;μ 为材料的阻尼系数;ε 为应变。式中材料的阻尼系数比较难获得,因此常采用间接方法来获得。

　　假设在简谐运动下的应变为

$$\varepsilon = \varepsilon_0 \cos(\omega t) \tag{3-2}$$

则可得到应力与应变方程为

$$\left(\frac{\sigma - E\varepsilon}{\mu\omega\varepsilon_0}\right)^2 + \left(\frac{\varepsilon}{\varepsilon_0}\right)^2 = 1 \tag{3-3}$$

其中,ε_0 为应变幅值;ω 为激振频率;显然这是一个椭圆方程,其中椭圆的面积为材料循环一圈所吸收的能量 ΔU, 即

$$\Delta U = \oint \sigma \mathrm{d}\varepsilon = \oint (E\varepsilon + \mu \dot{\varepsilon})\mathrm{d}\varepsilon = \int_0^{\frac{2\pi}{\omega}} \mu \dot{\varepsilon}^2 \mathrm{d}t = \pi\mu\omega\varepsilon_0^2 \tag{3-4}$$

其中,$\dot{\varepsilon}$ 为应变速率。

在循环一周中,最大弹性应变能 U 为

$$U = \pi E \varepsilon_0^2 \qquad (3-5)$$

于是可得材料的损耗因子为

$$\eta = \frac{\Delta U}{U} = \frac{\mu \omega}{E} \qquad (3-6)$$

在小阻尼的情况下,对于转子的第 i 阶模态频率,可得

$$\eta_i \approx 2\gamma_i \qquad (3-7)$$

其中, γ_i 为第 i 阶模态阻尼比,可得

$$\frac{\mu}{E} = \frac{\eta_i}{\omega_i} = \frac{2\gamma_i}{\omega_i} \qquad (3-8)$$

测量无外阻尼时柔性连接转子本身的模态频率和模态阻尼比,根据式(3-8)就可得到某一模态频率激励下材料的阻尼系数,即得到该频率下材料的开尔文-沃伊特黏弹性理论的一维本构关系。

假设 $\varepsilon = \varepsilon_0 e^{j\omega t}$,代入本构关系得

$$\sigma = E\left(1 + j\frac{\mu\omega}{E}\right)\varepsilon \qquad (3-9)$$

可得适用于某一模态频率激振下材料的复模量:

$$E^* = E\left(1 + j\frac{2\gamma_i}{\omega_i}\omega\right) \qquad (3-10)$$

上述推导得到的复模量模型主要适用于某一阶模态频率,同时柔性连接转子本身的内阻尼较小。

由式(3-10)可见,由于内阻尼的影响,系统在受力时,会出现与外力方向垂直的变形,也就是说出现了交叉刚度,因此会引起失稳。

【内阻尼】

内阻尼是指材料内部的阻尼。它是当振动的物体发生形变时,在材料内部出现的应力应变的弛豫现象(应变落后于应力的变化)。

——《材料力学》

表3-2 给出了内阻尼和外阻尼的对比。

表 3 - 2　内阻尼和外阻尼的对比

	外　阻　尼	内　阻　尼
形成的机制	通过外部安装的阻尼器来提供阻尼力	由于材料的变形或结构的相互摩擦
阻尼力方向	正比于在固定坐标系下的绝对速度	阻尼力在速度上与固定坐标不成正比,但与旋转坐标系中的相对速度成正比
动力学分析	无交叉项	有时会产生不稳定切向力
动力学特征	同步进动	次同步进动是不稳定的,失稳转速是一阶临界转速
动力学效果	抑制振动	在一阶临界转速前,内阻尼抑制振动;一阶临界转速后,内阻尼可能导致振动幅值突增
动力学设计	主动设计	尽可能避免

图 3 - 7 给出了内阻尼和外阻尼的力学表示。

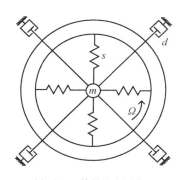　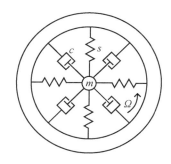

(a) 外阻尼的等效作用力　　　　　　　(b) 内阻尼的等效作用力

图 3 - 7　内阻尼和外阻尼的力学表示

在计算内阻尼引入的阻尼力时,其形式设为

$$F_i = c(\dot{r} - \mathrm{j}\Omega r) \tag{3-11}$$

代入到转子方程中,可得转子的运动方程为

$$\begin{bmatrix} m & 0 \\ 0 & m \end{bmatrix}\begin{Bmatrix} \ddot{x} \\ \ddot{y} \end{Bmatrix} + \begin{bmatrix} d & \\ & d \end{bmatrix}\begin{Bmatrix} \dot{x} \\ \dot{y} \end{Bmatrix} + \begin{bmatrix} s & c_i\Omega \\ -c_i\Omega & s \end{bmatrix}\begin{Bmatrix} x \\ y \end{Bmatrix} = \begin{Bmatrix} m\Omega^2\cos(\Omega t) \\ m\Omega^2\sin(\Omega t) \end{Bmatrix} \tag{3-12}$$

稳定边界为

$$\Omega_{门槛} = \left(1 + \frac{d}{c_i s}\right)\omega_0 \tag{3-13}$$

因此,该系统的失稳门槛转速恒大于一阶临界转速,并且随外阻尼的增大而增大,同时由于材料迟滞引起的内阻尼较小,所以材料内阻尼引起的迟滞失稳,其门槛转速远大于转子的工作转速,因此很少发生转子因材料内阻尼而引起失稳。

令 $r = x + jy$,转子在固定坐标系中的方程为

$$m\ddot{r} + d\dot{r} + sr + c_i(\dot{r} - j\Omega r) = m\varepsilon\Omega^2 e^{j\Omega t} \tag{3-14}$$

取 $\omega_n = \sqrt{\dfrac{s}{m}}$,即为转子的临界转速,同时令 $D = \dfrac{d}{2\sqrt{ms}}$,将 ω_n、D 代入式中,两边同时除以 m 得

$$\ddot{r} + 2D\omega_n\dot{r} + \omega_n^2 r + \frac{c_i}{m}(\dot{r} - j\Omega r) = \varepsilon\Omega^2 e^{j\Omega t} \tag{3-15}$$

设不平衡响应为如下形式:

$$r = \rho e^{j(\Omega t - \Phi)} \tag{3-16}$$

忽略虚部,解得响应为

$$\rho = \frac{\varepsilon\Omega^2}{\sqrt{(\omega_n^2 - \Omega^2)^2 + \left(2D\omega_n + \dfrac{c_i}{m}\right)\Omega^2}} \tag{3-17}$$

考察转子稳定性,只需要运动方程对应的齐次方程即可。

$$m\lambda^2 + d\lambda + (s - jc_i\Omega) = 0 \tag{3-18}$$

设其根为 $\lambda = \alpha + j\omega$,代入方程中,将实部与虚部分开得

$$\begin{cases} m\alpha^2 - m\omega^2 + \alpha d + s = 0 \\ 2m\alpha\omega + d\omega - c_i\Omega = 0 \end{cases} \tag{3-19}$$

假设转子系统无阻尼,即 $d = 0$,上述方程组变为

$$\begin{cases} m\alpha^2 - m\omega^2 + s = 0 \\ 2m\alpha\omega - c_i\Omega = 0 \end{cases} \tag{3-20}$$

当无交叉刚度时 $c_i = 0$,则 $\alpha = 0$,$\omega = \sqrt{\dfrac{s}{m}}$。这表明系统不会失稳。

由方程组得

$$\omega_1^2 = \frac{s}{2m} + \frac{\sqrt{s^2 + (c_i\Omega)^2}}{2m}$$

$$\omega_2^2 = \frac{s}{2m} - \frac{\sqrt{s^2 + (c_i\Omega)^2}}{2m}$$

$$\alpha_1^2 = \frac{\sqrt{s^2 + (c_i\Omega)^2}}{2m} - \frac{s}{2m} \qquad (3-21)$$

或

$$\alpha_1 = \frac{c_i\Omega}{2m\omega_1}$$

$$\alpha_2 = \frac{c_i\Omega}{2m\omega_2} \qquad (3-22)$$

由于 $\omega_1 > 0$，故 $\alpha_1 > 0$，因此系统将失稳。可见，迟滞引起的内阻尼使得转子失稳。失稳时转子的振动频率为 ω_1。从失稳特征来看，其失稳振动均为自激失稳，失稳振动的频率为转子的一阶临界转速频率的次谐波，振动幅值突增。

在第 1 章中，建立过学生惰性为负的模型，也表现为振动幅值增大。但是迟滞现象引起的失稳振动导致的幅值突增与第 1 章的模型有着本质的区别。惰性为负时，振动成分与自驱力紧密相关，也就是说学生的成就可以在社会所期望的方面。而迟滞现象导致的失稳，其失稳振动成分与外界扰动无关，是一个次谐波成分，也就是说，学习方向与社会需求之间存在滞后时，学生的成就可能会对社会的稳定造成危害。书中对迟滞引起的失稳故障与惰性为负的振幅增大模型进行总结对比，如表 3-3 所示。

表 3-3　两种振幅增大模型的对比

类型	迟滞失稳	惰性为负
是否可控	不可控	可控
振动成分	次谐波 与社会需求相违背	与自驱力相关 与社会需求相符合
振幅增加方式	存在门槛，越过门槛后振幅突增	逐步增大
是否需要	应该在学习过程中避免	应该在学习过程中提倡

由结果对比可见，这种迟滞现象会引起系统产生失稳，失稳产生一个次谐波，并且这个次谐波成分占优。这种失稳现象是不可控的，因此失稳发生往往会造成严重的后果，需要避免。

通过建模分析发现，学习方向与学科需求之间的差距越小，系统就越稳定，这也说明了，学习需要方向性。只有学习的目标与国家和民族的需求一致时，才能最大限度地发挥学生学习的能力。

3.3　能力越大，破坏力也可能越大

技术是双刃剑，可以造福人类，也可以给人类带来灾难。能力越大，对于社会的影响

就越大,也可以做出更大的贡献,反过来,如果能力运用不当,对于社会的破坏力就可能越大。因此,如何让技术发展瞄准对于人类有利的方向,而规避它所带来的风险,是必须要高度重视的问题。

【数值积分】

　　数值积分是利用黎曼积分等数学定义,用数值逼近的方法近似计算给定的定积分值。

——《数值分析》

【纽马克 β 法】

　　是一种将线性加速度方法普遍化的方法,可认为是概括了平均常加速度和线性加速度算法的一种广义算法。有拟静力增量方程形式和不同类型的拟静力全量方程形式。

——《高等结构动力学》

如何判断系统失稳后的破坏力呢? 数值积分知识点给了一些启发。可用的数值积分方法众多,包括龙格-库塔(Runge - Kutta)、时间积分、振型叠加等方法。本书拟采用时间积分法中的纽马克 β 法进行求解。该方法基本思想为:离散稳态转速下的一个周期为有限的等步长 Δt。给定积分初值,确定 t_0 时刻系统的动力学参数 p_0。将式(3 - 23)转化为如式(3 - 24)的初值问题。然后构造 $\ddot{r}_i$、$\dot{r}_i$、r_i 在每个周期中随 Δt 的变化,形成隐式的递推关系式。

$$\begin{cases} \ddot{r}_i = g_i(t,\ p_t,\ \dot{r}_1,\ \cdots,\ \dot{r}_m,\ r_1,\ \cdots,\ r_m) \\ r_i(t_0) = r_{i0} \\ \dot{r}_i(t_0) = \dot{r}_{i0} \end{cases} \tag{3 - 23}$$

$$\begin{cases} \ddot{r}_{i+1}(\tau) = g_i(t,\ p_t,\ \dot{r}_1,\ \cdots,\ \dot{r}_m,\ r_1,\ \cdots,\ r_m),\ \tau \in [t,\ t + \Delta t] \\ \dot{r}_i(t_0) = \dot{r}_{i0} \end{cases} \tag{3 - 24}$$

求解过程如表 3 - 4 所示。

表 3 - 4　求解过程

阶段	序号	计算内容
A 初始计算	(1)	形成质量矩阵 M_S、阻尼矩阵 D_S 和刚度矩阵 S_S
	(2)	形成给激振力下的总组集矩阵 T
	(3)	通过计算 t_0 初始位移 r_0,并给定初始值 $\dot{r}_0$、$\ddot{r}_0$
	(4)	选择时间步长 Δt,并计算积分常数 a_i,l_i,k_i,且 $i = 1,\ 2,\ 3,\ \cdots,\ n$

续　表

阶段	序号	计算内容
B 降阶计算	（1）	形成有效刚度矩阵 S^* $S^* = S + S_r + a_0 M_s + a_1 (D_s + D_r)$
	（2）	对 S^* 进行三角分解 $S^* = LDL^{\mathrm{T}}$
	（3）	计算有效载荷 $F = F_r + F_u + M_s \left(\sum_{i=1}^{3} l_i r^i \right) + (D_s + D_r) \left(\sum_{i=1}^{3} s_i r^i \right)$
C 时间增量计算	（1）	求解 $t + \Delta t$ 时刻位移 $r_{t+\Delta t} = F/S^*$
	（2）	求解 $t + \Delta t$ 时刻速度与加速度 $\ddot{r}_{t+\Delta t} = a_0 (r_{t+\Delta t} - r_t) + a_2 \dot{r}_t + a_2 \ddot{r}_t$ $\dot{r}_{t+\Delta t} = \dot{r}_t + a_6 \ddot{r}_t + a_7 \ddot{r}_{t+\Delta t}$

从表 3-4 阶段 C 的（2）式可以看出，进行 $t + \Delta t$ 时刻求解时，必须已知 0 到 t 时间内各离散点上的解。数值积分法所需运算次数与分析中的时间步数成正比。该方法基于如下假设：

（1）只在相隔 Δt 的一些离散的时间区间上而不是在任一时刻 t 上满足运动微分方程；

（2）假设位移、速度和加速度在每一时间 Δt 内的变化。假设的变化形式不同，将影响解的精度、稳定性和求解代价。在每一时间区间 Δt 上的位移、速度和加速度的假设形式不同，构成了不同的数值积分方法。

首先对方程进行求解，由 3.2 节的分析得到当学生的学习方向与国家和民族的需求出现滞后时，学生的学习模型可以类比为存在迟滞内阻尼的振动系统动力学方程如式（3-25），对该方程进行求解：

$$
\begin{bmatrix} \boldsymbol{m} & \boldsymbol{0} \\ \boldsymbol{0} & \boldsymbol{m} \end{bmatrix} \begin{bmatrix} \ddot{\boldsymbol{x}} \\ \ddot{\boldsymbol{y}} \end{bmatrix} + \begin{bmatrix} \boldsymbol{D} & \boldsymbol{0} \\ \boldsymbol{0} & \boldsymbol{D} \end{bmatrix} \begin{bmatrix} \dot{\boldsymbol{x}} \\ \dot{\boldsymbol{y}} \end{bmatrix} + \begin{bmatrix} \boldsymbol{S} & c\boldsymbol{\Omega} \\ -c\boldsymbol{\Omega} & \boldsymbol{S} \end{bmatrix} \begin{bmatrix} \boldsymbol{x} \\ \boldsymbol{y} \end{bmatrix} = \varepsilon \boldsymbol{\Omega}^2 \mathrm{e}^{\mathrm{j}\Omega t + \gamma} \begin{bmatrix} \boldsymbol{m} & \boldsymbol{0} \\ \boldsymbol{0} & \boldsymbol{m} \end{bmatrix} \quad (3-25)
$$

可得该方程的特征方程为

$$
\lambda^4 + 2D_i \lambda^3 + (2\omega_i^2 + D_i^2) \lambda^2 + 2\omega_i^2 D_i \lambda + \omega_i^4 + (c_i \Omega)^2 = 0 \quad (3-26)
$$

由劳斯-赫尔维茨（Routh-Hurwitz，R-H）准则，可构建如下赫尔维茨矩阵：

$$H = \begin{bmatrix} 1 & 2\omega_i^2 + D_i^2 & \omega_i^4 + (c_i\Omega)^2 \\ 2D_i & 2\omega_i^2 D_i^2 & 0 \\ b_{n-1} & b_{n-3} & 0 \\ c_{n-1} & 0 & 0 \\ d_{n-1} & 0 & 0 \end{bmatrix} \qquad (3-27)$$

其中,

$$b_{n-1} = -\frac{1}{a_{n-1}} \begin{vmatrix} a_n & a_{n-2} \\ a_{n-1} & a_{n-3} \end{vmatrix}$$

$$b_{n-3} = -\frac{1}{a_{n-1}} \begin{vmatrix} a_n & a_{n-4} \\ a_{n-1} & a_{n-5} \end{vmatrix}$$

$$c_{n-1} = -\frac{1}{b_{n-1}} \begin{vmatrix} a_{n-1} & a_{n-3} \\ b_{n-1} & b_{n-3} \end{vmatrix}$$

$$d_{n-1} = -\frac{1}{c_{n-1}} \begin{vmatrix} a_{n-2} & a_{n-4} \\ c_{n-1} & c_{n-3} \end{vmatrix}$$

系统渐进稳定的必要条件为赫尔维茨矩阵的每项均小于 0,一旦有一个系数大于 0,就可以认为系统会失稳。因此得到系统稳定性条件为

$$\begin{cases} \omega_i^2 + c_i\Omega > 0 \\ [\omega_i^4 - (c_i\Omega)^2](2\omega_i^2 + D_i^2)(2\omega_i^2 D_i^2) - [\omega_i^4 - (c_i\Omega)^2]8D_i^3 - (2\omega_i^2 D_i^2)^2 > 0 \end{cases}$$

$$(3-28)$$

简化后,得到稳定条件为

$$\Omega < \omega_i\left(1 + \frac{d_i}{c_i}\right) \qquad (3-29)$$

则整个转子系统失稳门槛转速为

$$\Omega < \min_i\left[\sqrt{\frac{s}{m}}\left(1 + \frac{d_i}{c_i}\right)\right] \qquad (3-30)$$

可以看出,当学生的学习方向与国家和民族需求的滞后越大,系统的失稳门槛越低,最小的失稳门槛与学生本身有关,为学生的最大社会认同。接下来分析学生的能力与失稳后的破坏力之间的关系。

通过纽马克 β 法对稳定性方程进行数值求解,分析不同自驱力的影响下,系统的失稳响应。图 3-8 给出了自驱力对失稳响应的影响。可见,随着学生的自驱力增大,系统产生失稳,同时失稳振动幅值失控,超过限制值。

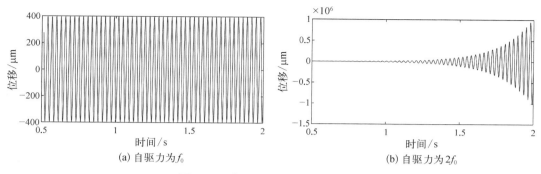

图 3-8　自驱力对失稳响应的影响

对不同惰性的影响下，系统的失稳响应进行分析，图 3-9 给出了惰性对失稳响应的影响。可见，随着惰性的增加，系统反而变得稳定，这说明盲目地努力会造成严重的影响。

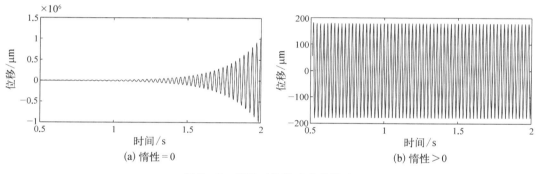

图 3-9　惰性对失稳响应的影响

对在于不同程度学习方向与需求滞后的影响下，系统的失稳响应进行分析，图 3-10 给出了迟滞大小对失稳响应的影响。可见，由于迟滞的产生，系统出现失稳，因此学习的方向性极为重要。在对学生的教育中，需要以民族的需求为指引，以国家发展战略为导向，紧密贴合时代的召唤。

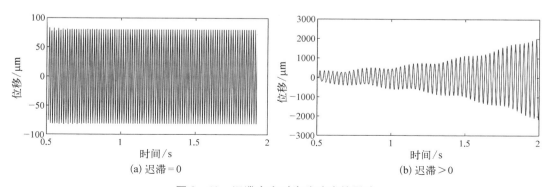

图 3-10　迟滞大小对失稳响应的影响

最后,对于不同学生的能力影响下系统的稳定性进行分析。图 3-11 给出了学生能力大小对失稳响应的影响。可见,当学生能力较小时,失稳发生,幅值只是出现小幅振荡,随后恢复正常。当学生能力增大,失稳时的振动幅值也增大,呈发散状,此时系统失控。

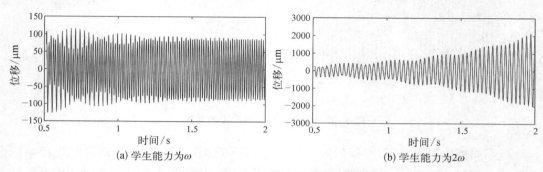

(a) 学生能力为 ω　　　　　　　(b) 学生能力为 2ω

图 3-11　学生能力大小对失稳响应的影响

对数值仿真结果进行分析,我们得到以下结论:一味强调努力有时是盲目的,学习需要方向性;能力越大,破坏力也可能越大。

3.4　实施流程和工具

3.4.1　方向性的四象限评价法

建立反映能力与社会需求关系的坐标轴,通过四象限评价法对个人的学习、努力方向性进行量化。这样学生可以更直观地了解到自己应该如何努力,要成为怎么样的人。并对自己所处阶段进行评价,及时调整自己努力的方向。本书所建立的坐标轴如图 3-12 所示。

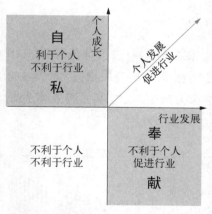

图 3-12　能力和社会需求之间的关系

横轴表示一个人对社会的贡献程度(能否满足社会需求的指标)即行业发展;纵轴表示一个人的能力即个人成长。在第 II 象限时,个人的能力为正值,贡献程度却为负值,有能力却不奉献,那么这个人是自私的。相反,在第 IV 象限时,个人的能力是负值,贡献程度却为正值,说明这个人虽然能力不足,却从不吝啬于为社会做贡献。但由于个人能力较小,这样的奉献也许是不利于个人发展的。

真正理想的状态应该是:个人与社会实现双赢。

在第 I 象限时,个人的能力与个人的奉献程度都为正值,此时是最合理的,既促进个人发展,又有利于社会进步。

这也反映了一个道理:能力越大,责任越大。

3.4.2　数学分析工具

【根轨迹】

　　闭环系统的特征根随某参数从 0 到 ∞ 变化时的轨迹线。绘制根轨迹的意义在于,可以分析系统性能,看出系统的稳准快三项指标随参数的变化会发生什么。

——《自动控制原理》

　　可以借鉴采用根轨迹图法,作为判断人才发展稳定性的数学工具。1948 年,伊万斯(W. R. Evans)提出了一种求特征根的简单方法,并且在控制系统的分析与设计中得到广泛应用。这一方法不直接求解特征方程,而是用作图的方法表示特征方程的根与系统某一参数的全部数值关系;当这一参数取特定值时,对应的特征根可在上述关系图中找到。这种方法叫根轨迹法。根轨迹法具有直观的特点,利用系统的根轨迹可以分析结构和参数已知闭环系统的稳定性和瞬态响应特性,还可分析参数变化对系统性能的影响。在设计线性控制系统时,可以根据对系统性能指标的要求确定可调整参数以及系统开环零极点的位置,即根轨迹法可以用于系统的分析与综合。

绘制规则

　　在控制系统的分析和综合中,往往只需要知道根轨迹的粗略形状。由相角条件和幅值条件所导出的 8 条规则,为粗略地绘制出根轨迹图提供方便的途径。

　　(1) 根轨迹的分支数等于开环传递函数极点的个数。

　　(2) 根轨迹的始点(相应于 $K=0$)为开环传递函数的极点;根轨迹的终点(相应于 $K=∞$)为开环传递函数的有穷零点或无穷远零点。

　　(3) 根轨迹形状对称于坐标系的横轴(实轴)。

　　(4) 实轴上的根轨迹按下述方法确定:将开环传递函数位于实轴上的极点和零点由右至左顺序编号,由奇数点至偶数点间的线段为根轨迹。

　　(5) 实轴上 2 个开环极点或 2 个开环零点间的根轨迹段上,至少存在 1 个分离点或会合点,根轨迹将在这些点产生分岔。

　　(6) 在无穷远处根轨迹的走向可通过画出其渐近线来决定。渐近线的条数等于开环传递函数的极点数与零点数之差。

　　(7) 根轨迹沿始点的走向由出射角决定,根轨迹到达终点的走向由入射角决定。

　　(8) 根轨迹与虚轴(纵轴)的交点对分析系统的稳定性极为重要,其位置和相应的 K 值可利用代数稳定判据来决定。图 3 - 13 给出了根轨迹图。

3.4.3　课程思政/思政课程的重要作用

　　德才兼备是新时代中国大学生成才的方向和目标,需要大学生反复体会和思考,培养

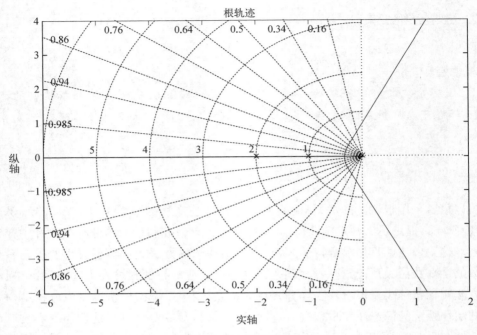

图 3-13　根轨迹图

的环节是贯穿于大学阶段的全过程,培养主体包括导师在内的高校教育者、用人单位、教育主管部门以及社会舆论环境。对于"动力与能源专业",西工大现象长盛不衰,是最好的思政元素。以往的毕业生,在祖国需要的地方生根发芽。不少年轻的一线工程师,成为各级劳模和岗位能手。这些毕业生和同学们年龄差距不大,且具有相近的学习经历和共同语言。他们是课堂思政最鲜活的讲授者,是军工报国情怀最直接的传播者。

实践"朋辈引领"计划:遴选合适的"朋辈引领人",定期参加大学生支部活动和课题组组会。促进大学生逐渐形成积极向上的人生观、乐于奉献的价值观、爱岗敬业的职业观和为国家、人民服务的社会观。

(1)学生应该意识到"动力与能源专业"的重要性,意识到国家的需要,意识到投身军工行业的光荣,找到行业归属感,培养学生爱国、奉献的意识,从"我必须学"变为"我想学",这就为学生接下来的学习注入了驱动力,并且学生对自己的责任有越深刻的认识,其学习的欲望就会越强,驱动力也就越大。

就"动力与能源专业"而言,它是一门紧跟国家战略需求的学科,是把握国家安全与经济命脉的抓手。航空发动机是美学与科学的综合体,能源则是大自然沉淀的产物加之创新创造而得。教师应告诉学生:这是值得奉献青春的领域。

(2)对于教师来说,"引路人"应该具有更加敏锐的职业洞察力,能够及时分析国际技术发展趋势,带领学生瞄准关键技术,投身需求行业。

(3)对于学生来说,外界的干扰是时常存在的,比如挫折、娱乐诱惑、人际关系危机等,根据上文对运动稳定性的分析可知,学生必须对抗外界干扰,快速修正自己的心态与行径,让自己回到踏实、正确的状态,这就需要坚定的信念与信仰加以支持。若是不能快速修正,便会越发偏离初心。其道理类似航空发动机中的失稳现象,若不能及时消除,则会引发灾难性后果。

除了充分发挥学生的自我调节能力(自控系统)以外,教师的引导(被动控制)也尤为重要,通过沟通交流、实地考察引导、同辈引导等方式,坚定学生为国家奉献的决心。

(4)学生需要懂得着眼未来,主动把握未来科技发展方向。同时,老一辈科学家的务实精神也不能忘却。

在学习自驱力的作用下,能量将不断地积累,第 4 章将介绍自驱力的做功问题,从而揭示学习的循序渐进性。

第4章

学习的积累

——可靠性增长和终生学习的本质

第 2 章介绍了驱动力(好奇心),第 3 章阐明了驱动力的方向性。本章将介绍驱动力所做的功。功是获得能量的表征,能量则是一个逐步积累的过程。所以,学习是一个循序渐进、逐步积累的过程。

谈到驱动力做功,大家必然想到"克服阻力做功""改变运动状态"。这是多年所建立的科学观发挥了作用。基于这种科学观,自然能够引申到积极的人生观:学习必然是辛苦的、长期的、积累的过程。

本章将从学习的时间特征、强度特征和积累特征展开分析,从而获得高效学习的实施模式。

4.1　多段式人生的新要求

进入社会主义新时期,对人们学习的要求也发生了深刻的变化。一方面,人类的在职时间正在变长。科学技术的发展成功地延长了人类的寿命,中国居民预期寿命每 4 年提高 1 岁。百岁人生已经成为标配。随即带来的老龄化社会问题凸显,延迟退休已成为必然趋势。即便退休后,也应该保持实现自我价值的热情。另一方面,行业的更替速度在变快。一些旧的行业在消失,新兴行业如雨后春笋般地涌现。这都要求学生尽早掌握学习的方法和理论。

如何面对这个问题?笔者发现这与推进系统"可靠性增长"的需求竟然是类似的。

观察人类的成长历程,可以看到:人类经历了年幼体弱婴幼儿时期的成长发育,年富力强青壮年时期的工作奋斗,年老体衰老年时期的安享晚年。对比机械零部件的寿命模型,发现零部件的故障率和人类健康的变化情况也是相似的。图 4－1 给出了浴盆曲线,图中的纵坐标就是故障率。

【故障率】

设备故障一般是指设备失去或降低其规定功能的事件或现象,表现为设备的某些零件失去原有的精度或性能,使设备不能正常运行、技术性能降低,致使设备中断生产或效率降低而影响生产。

　　设备故障率是指事故(故障)停机时间与设备应开动时间的百分比,为考核设备技术状态、故障强度、维修质量和效率的一个指标。

　　故障率公式为

$$K_\mathrm{f} = \frac{T_\mathrm{S}}{T_\mathrm{T}} \times 100\%$$

其中,K_f 为故障率;T_S 为故障造成的停机时间;T_T 为设备工作运转时间。

——《航空发动机原理》

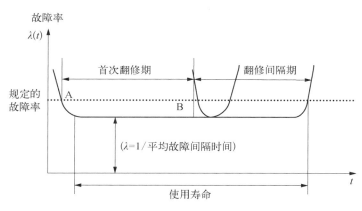

图 4-1　浴盆曲线

　　大多数产品的故障率随时间的变化曲线形似浴盆,称为浴盆曲线。此时,按故障率随时间的变化大致可以分为三个阶段:早期故障、偶发故障和耗损故障。针对故障率浴盆曲线,发动机制造商需要制定计划来对发动机全寿命进行维修、储存和管理。在发动机的总寿命时间内,合理地安排翻修间隔期限和翻修次数,以保证全寿命中较低的故障率。

　　借助零件寿命的浴盆曲线类比人生奋斗的阶段:磨合故障期对应婴幼儿,平稳故障期对应青壮年,磨损故障区则是老年。可靠性增长理论,用三个翻修期延长了发动机的寿命;同理,随着人类寿命延长,三段式人生也需要过渡到终身学习,争作对社会有用的人。图 4-2 给出了建立终生学习的人生观。

　　每个年龄段有不同工作效率,少年时期是人学习能力的巅峰,随着年龄的增长,学习的效率逐渐降低,所以要狠抓青少年时期,集中精力珍惜时间,充分利用好成长的最佳时期。

　　少年时期过后,人的学习效率日趋降低,但这并不意味着可以在学习效率较低的人生阶段停止学习。

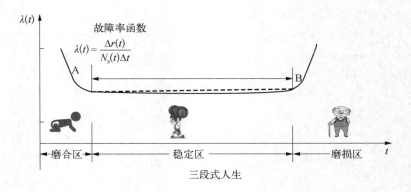

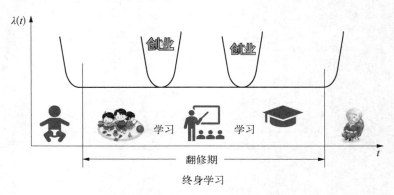

图 4 - 2   建立终生学习的人生观

$\Delta r(t)$ 为 Δt 时间内故障的产品数；Δt 为所取时间间隔；$N_s(t)$ 为残存产品数

【航空发动机效率特性】

　　航空发动机是具有高循环效率特点的多级热机压气机,采用分级压缩、中间冷却的方法来减少压气机的功耗。也可以通过该方法增大燃气轮机循环的循环功,以此提高燃气轮机的效率。根据"等增压比分配原则"当各级增压比相等或者说按照几何平均均匀分配总增压比时,压气机的耗功最小。

——《工程热力学》

最小耗功为[5]

$$\omega_{c,\,min} = -\frac{LKR_g T_1}{K-1}(\pi_{tot}^{\frac{K-1}{LK}} - 1) \qquad (4-1)$$

随着级数 L 增多,最小耗工 $\omega_{c,\,min}$ 下降,由数学知识可知:

$$\lim_{L \to \infty} \omega_{c, \, min} = \lim_{L \to \infty} \left[-\frac{LKR_g T_1}{K-1} \left(\pi_{tot}^{\frac{K-1}{LK}} - 1 \right) \right] = \lim_{L \to \infty} \left[-\frac{KR_g T_1}{\underbrace{k-1}_{lk}} \left(\pi_{tot}^{\frac{K-1}{LK}} - 1 \right) \right]$$

$$= -R_g T_1 \lim_{x \to 0} \left(\frac{\pi_{tot}^x - 1}{x} \right) \qquad (4-2)$$

应用洛必达法则求解得

$$\lim_{L \to \infty} \omega_{c, \, min} = -R_g T_1 \lim_{x \to 0} \pi_{tot}^x \ln \pi_{tot} = -R_g T_1 \ln \pi_{tot} \qquad (4-3)$$

可知当级数趋于无穷大时,压气机的耗功趋于定温压缩时的耗功[2]。

可见,从理论上来说,热机级数越多,相应的结构越复杂,循环压缩空气的次数越多,做功效率就越高。

由此可类比人生的学习过程,只有在人生的每个阶段持续不断地进行学习,才能充实人生,提高办事效率,适应高强度竞争的社会。

4.2　一万次原理

在学习的理论中,不得不提到一万次原理。一万次原理,有时也被具象化为一万小时定律。作家格拉德威尔在《异类》一书中指出:"人们眼中的天才之所以卓越非凡,并非天资超人一等,而是付出了持续不断的努力。一万小时的锤炼是任何人从平凡变成世界级大师的必要条件"。他将此称为"一万小时定律"。

英国神经学家丹尼尔·列维廷(Daniel Levitin)认为[28],人类脑部确实需要这么长的时间,去理解和吸收一种知识或者技能,然后才能达到大师级水平。顶尖的运动员、音乐家、棋手,需要花一万小时,才能让一项技艺至臻完美。在大量的调查研究中,科学家发现,无论是在对作曲家、篮球运动员、小说家、钢琴家还是象棋选手的研究中,这个数字——一万,反复出现。这是"一万小时法则"被提出的事实论据。

> **【神经网络算法】**
>
> 　　神经网络是通过对人脑或生物神经网络的抽象和建模,研究非程序的、适应性的、大脑风格的信息处理的本质和能力。它以脑科学和认知神经科学的研究成果为基础,拓展智能信息处理的方法,为解决复杂问题和智能控制提供有效的途径,是智能科学和计算智能的重要部分。
>
> 　　　　　　　　　　　　　　　　　　　　　　　　　　——《神经网络》

其实,一万小时的学习,是对大脑相关神经元的锻炼。如图 4 - 3 给出了大脑中的神经元的结构[29]。人对世界的感知和理解主要通过数以亿计的神经元来完成,神经元之间彼此连接构成巨大的神经元网络,输入的信号(如视网膜上的神经元感受到的光线等)经过一层层的神经元往脑部传递,不断做出决策,再通过一层层的神经元输出到反馈端(如影响手脚部动作等)。

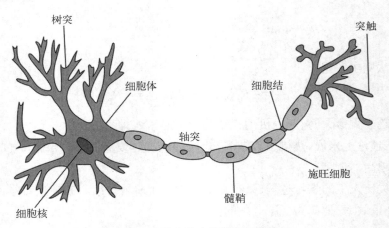

图 4-3 人类大脑中的神经元的结构

科学家估计,人类大脑中一共有多达 140 亿个大脑神经元,从那产生的树突和轴突相互联结,形成了人类智慧[30]。1943 年,神经科学家麦卡洛克(W. S. McCilloch)和数学家皮茨(W. Pitts)发表论文 A Logical Calculus of the Ideas Immanent in Nervous Activity[31],首次建立了神经网络的数学模型,称为麦卡洛克-皮兹(McCilloch - Pitts, MCP)模型。1982

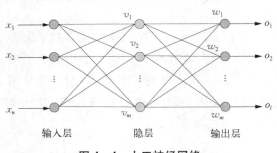

图 4-4 人工神经网络

年,加州理工的生物物理学家约翰·霍普菲尔德(John Hopfield)提出了一种反馈型神经网络,即 Hopfield 网络。1986 年,反向传播(back propagation, BP)神经网络被提出,是一种按照误差逆向传播算法训练的多层前馈神经网络,是应用最广泛的神经网络模型之一。图 4-4 给出了一种人工神经网络。

但是,1969 年,被誉为人工智能之父的马文·明斯基(Marvin Minsky)和西摩·佩珀特(Seymour Papert)出版 Perceptron 一书探讨感知器的优劣,认为仅靠局部连接的神经网络无法有效地开展训练,而全连接的神经网络则过于复杂而不实用。更重要的是,限于当时的计算方法与能力,复杂神经网络核心权重参数的计算时长将无法忍受。这些情况影响了学界和业界对神经网络的信心,神经网络的研究进入了低谷期。

2006 年,多伦多大学的杰弗里·辛顿(Geoffrey Hinton)教授等在 Science 上发表了一种深度置信网络的快速学习算法,该算法与浅层网络的对比结果表明,含有多个隐藏层的深度学习网络具有更好的特征识别和提取能力[32]。此学习方法的提出引起了学术界的巨大轰动和对深度学习的研究热潮。随后,深度学习得到了快速的发展和创新,其强大的特征提取能力和自主学习能力,被广泛应用到图像识别、语音识别和故障诊断等领域。

　　深度神经网络的发展呈现出层数越来越深、结构越来越复杂的趋势。为了使深度神经网络发挥出优越的性能,相关专家学者从网络深度和网络结构等方面开展了持续的探索。截至当前,深度神经网络的层数已达到数百层甚至上千层,且随着层数的增加,网络的学习效果也越来越好。图 4-5 给出了深度神经网络示意图。

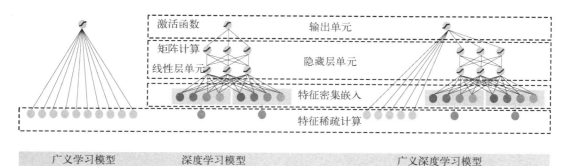

图 4-5　深度神经网络示意图

　　表 4-1 对比了反向传播神经网络(back propagation neural network)、贝叶斯网络(Bayesian network)及卷积神经网络(convolutional neural networks)三种深度学习网络的优缺点。

表 4-1　三种深度学习网络的优缺点对比

深度学习网络	优　　　点	缺　　　点
反向传播神经网络	(1) 非线性映射能力,实现了从输入到输出的映射功能; (2) 强大的自学习和自适应能力; (3) 容错能力和泛化能力,在部分神经元受损或噪声干扰的情况下还能够正常工作	(1) 网络收敛速度慢,需要多次训练; (2) 容易陷入局部极小值问题,对训练样本依赖性很大
贝叶斯网络	(1) 强大的不确定性问题处理能力; (2) 能够有效地对多源信息融合表达; (3) 可以完成多分类问题,训练过程简单,速度快	(1) 对训练集要求严格; (2) 输出为概率结果,无法精确对故障进行分类
卷积神经网络	(1) 强大的自主学习和特征提取能力; (2) 容易和其他算法融合改进; (3) 抗干扰能力强,能够在噪声干扰的情况下有效地工作	(1) 网络结构复杂,参数众多; (2) 需要大量带标签的训练数据; (3) 容易丢失大量有价值的信息,忽略局部和整体之间的关联性

　　人类神经网络里的信号传输是不同频率和电压的脉冲,可以将此对比成一个传输

数字的电路。究其根源,其实人在"计算非线性函数"这方面和人工神经网络本质的思想几乎相同:电信号到达神经元轴突末端后,激发轴突细胞膜释放神经递质,这些递质在受体神经元的树突或者细胞膜表面和受体发生反应,并刺激/抑制受体神经元发放(产生脉冲信号)。这过程中的刺激或者抑制可以对应于人工神经网络里的正负权值,而 sigmoid 函数只是一个对人类(生物)神经元里这个非线性过程的过分简化罢了。这里要纠正一个理解误区:人工神经网络不是拟合 sigmoid 函数,而是用 sigmoid 函数作为中间单元计算来拟合任何函数。首先,人类神经网络的确有层的概念。以视觉系统为例,人们已经很清楚视网膜的视锥细胞输入的信号和数码相机相似,不同种类的锥细胞对不同频率(颜色)的光敏感度不同;之后进入神经节进行处理,将图像的边缘增强、缩放比例处理好;进入视觉皮层后,第一层主要负责图像边缘检测,第二层负责长轮廓的拼接,第四层开始负责一些简单的轮廓识别[33]等。类似的现象也已经在很多多层人工神经网络里发现——人类脑神经与人工神经网络如出一辙,图 4-6 给出了人工神经与人类神经对比示意图。

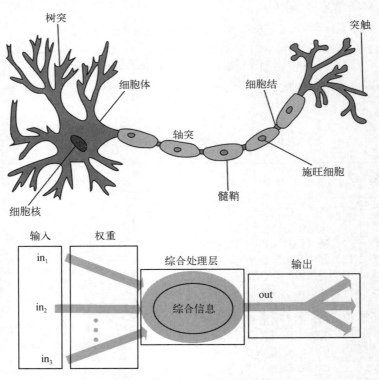

图 4-6 人工神经与人类神经对比示意图

另一方面人工神经网络也不都是分层的前馈网络。除了常见的反馈神经网络(recurrent neural networks)之外,历史上还出现过很多不分层的神经网络,包括玻尔兹曼机(Boltzmann machine)、霍普菲尔德网络(Hopfield network)、回声状态网络(echo state network)等,在此不一一赘述。这些网络都具有不同时间输出结果可能不同的特性——

用人工神经网络抄袭人类记忆神经的水平也是一流的。

下面对比一些人工神经网络和人脑的数据。

网络规模：人的大脑里有 10^{11} 个神经元，10^{15} 个神经元连接；而现在规模最大的神经网络系统有大概 10^{10} 个神经元连接，是人类的 1/100 000。假设人类有 1/100 的神经元用于视觉（事实上远多于这个数字），计算机已经可以达到小于 6% 的错误率，人类用多于人工神经网络 1 000 倍的神经元达到很低的错误率。

处理精度：还是按 1/100 算是 10^{13} 个神经元，学界实验用的最大规模人工神经网络 400 M，也就是 $4×10^8$，小了 4 个（多）数量级。按照错词率（word error rate）衡量，人工神经网络已经能到 15% 左右，人脑约在 5%。

在神经网络模型训练过程中，隐层节点个数和训练轮数的选择与一万小时原理如出一辙，人工神经网络模型中隐含层个数和隐含层节点个数以及训练轮数的选择，一直是人工神经网络研究的热点[34-36]，正确选择隐含层节点数是网络模型成败的关键。隐含层节点数选用太少，网络难以处理较复杂的问题；选用过多，将使网络训练时间急剧增加，而且过多的节点容易使网络训练过度。该神经网络根据隐含层节点输出的相似性能够自动地进行网络节点的删除，使网络结构得到优化。当然，人类大脑对应的隐含层节点因人而异，后天基本无法改变，所以本书重点讨论训练轮数与一万次原理的相关程度。

网络的训练轮数直接关系到模型的学习效果和预测能力。训练次数太少，网络模型学习不够充分，学习效果不好，更谈不上模型的预测能力；训练次数太多，模型有可能把训练样本的个性记住，造成模型的学习集误差很低，预测集误差却很高，因而模型的预测能力下降。在人类身上能够找到相同点，比如某人常年学习他人研究的一个或几个问题的思路和解决方式，长此以往，思维便束缚住学习过程，而缺乏泛化能力。

比如 17 世纪末，欧洲开始流传一种燃烧本质的学说——燃素说[37,38]。该学说在此后的 100 多年以来一直流传很广并占有统治地位。在燃素说提出之前，已经有人对燃烧现象进行了仔细的研究。15 世纪时，意大利人达·芬奇（da Vinci）曾有这样的发现：在燃烧时，若无新鲜空气补充，则燃烧就不能继续进行，表明燃烧与空气的存在与否有着必然的联系。1630 年，法国人雷伊将该学说进一步发展，他发现金属锡和铅经煅烧后重量增加，于是将这一现象解释为空气凝结于锡烬中，正如同干燥的沙吸收水分而变重一样。1664 年，英国化学家胡克认为火焰是引起化学作用的混合气体。胡克忽视了空气在燃烧中的作用，他仍相信燃烧时，物体中有炼金士所谓的燃烧"硫素"放出。以上科学家也经过了大量的学习，但是在讨论燃烧本质上，思维大多建立在了"燃素说"的基础之上，相当于在训练发散的过程中继续训练，训练的收敛与发散在人的学习上也很有对应性，"燃素说"就类似神经网络训练过程中的鞍点，无论提供多合适的学习率，在没有梯度的情况下，无法继续深入训练。图 4-7 给出了神经网络训练过程鞍点示意图。

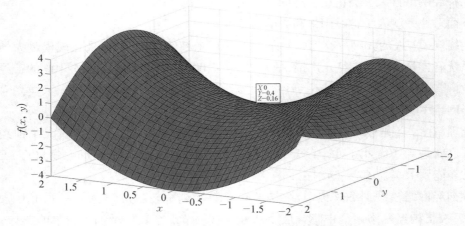

图 4-7　神经网络训练过程鞍点示意图

【鞍点】

　　一个不是局部最小值的驻点（一阶导数为 0 的点）称为鞍点。数学含义是：目标函数在此点上的梯度（一阶导数）值为 0，但从该点出发的一个方向是函数的极大值点，而在另一个方向是函数的极小值点。

——《数值分析》

　　在 1774 年，拉瓦锡做了焙烧锡和铅的实验：把精确称量过的锡和铅放在曲颈瓶中，密封后准确称量金属与瓶的总质量，然后加热，使锡、铅变为灰烬，发现加热前后的总质量没有发生变化。其后，他发现金属经煅烧后质量却增加了，这证明金属肯定是结合了瓶中部分空气的结果[38]。他马上重复做了普里斯特里的实验[39]，从汞银灰中分解出比普通空气更为助燃、助呼吸的气体。最初他把这种气体称为"上等纯空气"，到 1777 年才正式把它命名为"氧"，即成酸的元素。此后拉瓦锡又对氧化汞的合成与分解做了更精确的定量实验，证明金属变为煅灰并不是分解反应，而是与氧化合的反应，即：金属+氧=煅灰（氧化物），根本不存在燃素说的信奉者们长期坚持的：金属-燃素=煅灰。

【燃素学说】

　　三百年前，人们认为火是由无数细小而活泼的微粒构成的物质实体。这种火的微粒既能同其他元素结合而形成化合物，也能以游离方式存在。大量游离的火微粒聚集在一起就形成明显的火焰，它弥散于大气之中便给人以热的感觉，由这种火微粒构成的火的元素就是"燃素"。

——《大学化学》

拉瓦锡对于他的燃素学说十分严肃慎重,从1772~1777年的五年中,他又做了大量的燃烧实验,例如使磷、硫磺、木炭、钻石燃烧;将锡、铅、铁煅烧;将氧化铅、红色氧化汞和硝酸钾加热,使之分解,并对燃烧以后所产生和剩余的气体也逐一加以研究,然后对这些试验结果进行综合归纳和分析,于1777年正式向巴黎科学院提交了一份划时代的论文——《燃烧概论》,建立了燃烧的氧学说。

拉瓦锡没有专注于燃素说,所对应的神经网络训练过程没有被困在鞍点,相对于其他科学家训练过程,这样往往得不到好的最终效果。在燃烧理论上训练十分严肃慎重的拉瓦锡,在1772~1777年的5年间建立了燃烧的氧学说,这也是前文所提及的一万小时理论的实践案例,其实,历史上反映一万小时理论的科学家和学者不胜枚举。

综上所述,带给我们一个新的思考,人工神经网络在训练收敛的情况下与人类相似,人工神经网络根据隐层节点数量和层数几乎能确定训练轮数,那么人类某一能力的脑神经的训练时间是不是也能估计?这个训练时间很可能就是一万小时。如果每天工作八个小时,一周工作五天,那么成为一个领域的专家至少需要五年。

在这五年的专项训练中,学生应该着力训练必备的劳动技能,刻意锻炼研究生的8种能力:① 编写代码;② 分析数据;③ 数据挖掘;④ 仿真计算;⑤ 实验分析;⑥ 批量操作;⑦ 数据获取;⑧ 结构建模/结构计算机辅助工程(computer-aided engineer, CAE)的劳动能力。

1. 编写代码的劳动训练

选择一门适合自己科研方向的编程语言,开始进行语法学习。在掌握基本语法后,做一些案例来熟练语法。接下来要把基本编程能力运用到自己的科研方向。在实践中,遇到问题后,去查找资料进行学习,独立解决自己所遇到的问题,再遇到问题,继续查阅资料,反复训练。

2. 分析数据的劳动训练

在此以振动数据为例,从实验器采集到的振动原始数据,要求学生能够运用编程工具,将原始数据进行分析,能够以可视化界面展示时域、频域图,能直观看出基频与特征倍频。每次采集到的数据,可让学生充分得到训练。

3. 数据挖掘的劳动训练

在计算机数字信号处理过程中,有很多方法,包括:快速傅里叶变换、短时傅里叶变换、小波变换、希尔伯特-黄变换等,要求学生能够在不同需要的情况下选用适合的方式进行数据挖掘与分析。在每次采集数据的时候进行数据备份,反复训练各种方式方法,最终养成快速数据挖掘的能力。

4. 仿真计算的劳动训练

以发动机学科为例,仿真计算既可以节约试车经济成本,也可以节约时间成本,并且可以反映出发动机的本质特性,操作方法也比较便利。这就要求学生掌握该项技能,遇到问题时一台电脑、一个软件、一段程序、一个模型便可以解决问题。

5. 实验分析的劳动训练

仿真分析得到结果后,相关理论需要进行实验验证,这时就需要培养学生的实验分析能力。需要学生通过实验分析，剖析出现象蕴含的规律，敏锐把握住疑点，最终解决问题。

6. 批量操作的劳动训练

随着学科交叉程度的提高，学生解决问题的对象是更广泛的、更复杂的。学习与科研的工作量巨大，一些程序需要反复操作，学生需要迅速适应这样的变化，学会用简单灵活的方式进行批量操作。

7. 数据获取的劳动训练

目前，社会进入"数据爆炸"时代，大量数据如同洪流般袭来，从关键渠道获取有用信息的能力异常重要。学生应该培养优秀的数据获取能力，善用手上的各种渠道，通过网络、纸质书籍、课堂、同学交流等方式，收集到对自己有益的各项信息。

"一万小时法则"的关键在于，一万小时是最低限，而且没有例外之人。这等于是在告诉大家，一万小时的练习，是走向成功的必经之路。

8. 结构建模的劳动训练

要想培养仿真计算的能力，结构建模的能力就不可缺少，学生需要深刻了解机械结构，才能从中找到本质问题，劳动训练之间是相辅相成的，学生需要在各劳动训练中培养综合能力。

4.3　量变到质变，积累的是时间还是成效

一个令人思考的议题是：一万小时的练习是走向成功的必经之路。反过来说，只要经历了一万小时学习，就一定能够成功吗？

先建模，分析做功积累。例如，驱动力对旋转系统做功，用图4-8进行描述。

在某个瞬间，旋转力方向如F_t所示。此时质点运动的位移为dr，则所做的功为

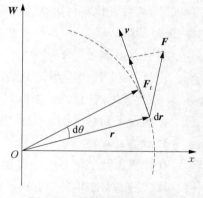

图4-8　驱动力做功示意图

$$dW = F \cdot dr \tag{4-4}$$
$$= F_t r d\theta$$
$$dW = M d\theta \tag{4-5}$$

力矩做功为

$$W = \int_{\theta_1}^{\theta_2} M d\theta \tag{4-6}$$

可见，对于旋转力矩做功与时间无关。

看来，学习时间并不是成功的度量变量。什么是学习积累的本质内容呢？

【**疲劳寿命**】

材料在高于疲劳强度的一定应力下工作,发生疲劳断裂的应力循环周次称为材料的过载持久值,也称为有限疲劳寿命。

——《材料力学》

巧合的是,一万数量级正是高循环和低循环疲劳的分界点。高循环疲劳(高周疲劳)指,作用于零件、构件的应力水平较低,破坏循环次数一般高于 10^4 的疲劳,也叫应力疲劳,弹簧、传动轴等的疲劳属此类。低循环疲劳(低周疲劳)指,作用于零件、构件的应力水平较高,破坏循环次数一般低于 10^4 的疲劳,如压力容器、燃气轮机零件等的疲劳。注意,这里的度量是循环次数而不是时间。图 4-9 给出了典型材料的 $S-N$ 曲线。

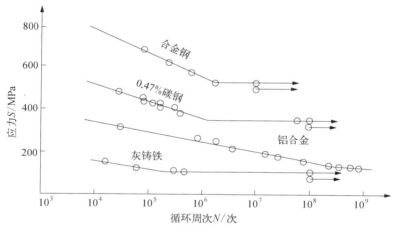

图 4-9 典型材料的 $S-N$ 曲线

实际疲劳寿命可以用疲劳累积损伤定理评定。最简单的是线性迈纳(Miner)疲劳法则,他认为疲劳损伤是线性累加的。例如,有 S_1,S_2,$\cdots$,S_m 多种载荷,N_1 为载荷 S_1 的疲劳极限,$\cdots$,N_m 为载荷 S_m 的疲劳极限。若施加 n_1 个循环的载荷 S_1,则损伤部分为 n_1/N_1;$\cdots$;n_m 个循环的载荷 S_m,则损伤部分为 n_m/N_m。当 $n_1/N_1 + n_2/N_2 + \cdots + n_m/N_m = 1$ 时,到达极限。此时断裂,实现从量变到质变的转变。

学习是一样的道理。若想成功,跨越量变到质变的门槛,积累的不是时间,是成效。

4.4 有效学习

对于学生来说,需要注意学习的成效,关注自己在课堂上的听课效果,将课堂时间充分运用。传统课堂缺少工具帮助老师了解学生是否进入学习状态,学生也无法直接得到有关自己课堂关注度的量化评价。

下面介绍一种基于人工智能分析技术的课堂专注度评价方法。

它以时间顺序来反映课堂上学生专注力变化的整体趋势,以及哪个时间专注度最高,哪个时间最低。课堂专注度用计算机代替了人工的课堂观察和记录,能够最大程度上确保数据的客观有效,数据的处理和提取也更加方便。因此能为教学研究和学校管理带来便利。

专注力分析可生成专注度曲线,能直接反映出学生是否进入学习状态,体现了学生与教师之间的交互层次与深度。通过专注力分析可以获取最直观、最有效的学习效果反馈,可以为学生调整学习状态提供参考。

课堂上的学生专注力分析能表现出学生的学习状态和心理。专注力程度越高,说明学生的学习状态和学习心理状态越好,学习效果越佳。根据专注力变化分析课堂教学内容是否吸引学生、授课方法是否适用等,还可以使教师及时调整教学设计,提高学生在课堂上的积极性。

1. 原理

基于某商业 AI 平台的表情分析,通过拍摄学生上课时的正面照片,分析表情、姿态数据计算关注度,计算公式为

$$N(关注度) = (EyeStatus\_Left + EyeStatus\_Right) \times W_1(眼睛状态权重)$$
$$+ E(表情得分) \times W_2(表情权重)$$

其中,眼睛状态为由完全闭合~张开,取 0~1 的浮点数;W_1 权重取 25;根据表情由"自然""开心""愤怒""嫌弃"等特征取 0~1 的浮点数;W_2 权重取 50。

由此得出关注度是 0~100 的分值,具体分类为:[90, 100] 为全神贯注;[80, 90) 为比较投入;[60, 80) 为一般投入;[20, 60) 为心不在焉;[0, 20) 为完全没有听课。

计算代码:

```
double CalcNotability( FaceResultRet fr)
{
        Face f = fr.result.face_list[0];
        double emotion = 0;
    switch( f.emotion.type)
    {
            case "neutral":
            case "happy":
                emotion = 1;
                break;
            case "angry":
            case "disgust":
                emotion = 0.2;
```

```
                    break;
            case "fear":
                    emotion = 0.3;
                    break;
            case "sad":
                    emotion = 0.4;
                    break;
            case "surprise":
                    emotion = 0.8;
                    break;
            case "pouty":
                    emotion = 0.6;
                    break;
            case "grimace":
                    emotion = 0.1;
                    break;
            }
return (f.eye_status.left_eye + f.eye_status.right_eye) * 25 + emotion * 50;
}
```

2. 数据与分析

由观察实验数据,结合授课过程,使用 60 s 的范围平滑曲线,可以得出如下结论。

(1)关注度与授课进度成 U 型曲线相关,学生在课程开始 10 min 及结束前 10 min 比较容易获取较高的关注度,中间时间段相比较略低。

图 4-10 为学生 A 的关注度曲线。

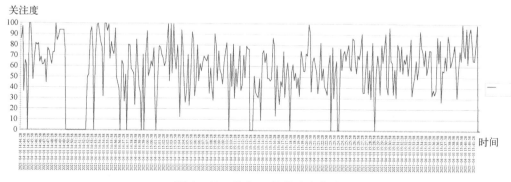

图 4-10　学生 A 的关注度曲线

(2)学生的关注度呈波浪形随时间前进,意味着学生总是在关注和不关注之间循环往复,周期为 3~5 min。

图 4 - 11 为学生 B 的关注度曲线。

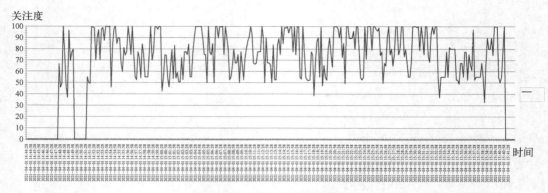

图 4 - 11　学生 B 的关注度曲线

（3）个体差异较大,比如学生 A 总体关注度平均在 60 分左右,而学生 B 整体关注度在 75 分以上,还有的学生出现关注度被低估的情况。

图 4 - 12 为学生 C 的关注度曲线。

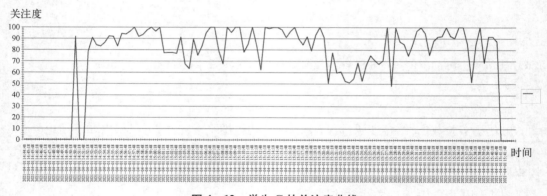

图 4 - 12　学生 C 的关注度曲线

4.5　应用篇

学习的过程是持续终身的,但学习的习惯却是从小养成的。目前的学习方法被生硬地分为高考前和高考后。虽然大学、中学、小学的学习内容不同,但学习的方法应该一脉相通。大学以前,学习的动力是生存能力驱动;大学以后,成长的动力是人文哲学驱动,思政教育、哲学思考十分重要。所以,大学阶段的学习方法十分重要。

社会阶段不同,培养人才的需求也不同。根据时代的不同,需要教师把握人才培养方向。同时要谨记,能力的培养是一个积累的过程,它不是一蹴而就的,仅靠考前的突击,或许能拿到及格的成绩,但不代表掌握了知识。

因此,学生需要养成持之以恒的学习习惯。不过,仅有时间是远远不够的,通过上文的分析可以知道,学生更应该把握住学习的成效,将时间用在点子上,所以,课堂专注度显得尤为重要。提高课堂专注度不仅要靠学生自身的努力,还需要学校提供更好的学习环境条件。

通常来说,学生对课堂内容越感兴趣,专注度就越高。这就需要教师优化课程设计,在课堂讲授过程中注意学生的状态变化,及时调整授课状态,充分利用有限的时间,达到最好的学习效果。为了达到提高教学质量、打造兴趣课堂以提高学习专注度的目的,学生可以积极参与教评,提出意见,大胆与老师沟通,让老师了解自己的兴趣所在。

同时学习应该定时对其效果进行量化评价,及时掌握学生的学习进度,令其尽快补足自身的缺点。第 5 章将详细论述该量化评价的方法,力求评价的客观性。

第5章

学习的效果评价

——基于数字孪生的综合评定

在第 2、3、4 章的分析中,已经讨论了学习过程中的驱动力、做功、能量的问题。学习评价量化是教学效果的检查、是公平竞争的手段,同时也是现阶段学习任务中重要的环节。学习过程中需要学生充分锻炼合作能力,团队合作需要进行效果考核。本章将考虑各种因素,综合社会现状,帮助学生对学习的效果进行量化评价,并讨论团队合作的重要性。

新时代形势下知识点汇集,各知识技术之间的壁垒被逐渐打破,这就需要学生在探索知识点时,除了注重自身能力的培养提高,还要注重团队之间的通力合作。

在这种新形势下,提高自身竞争力是时代赋予当代大学生的历史使命,而团队合作则是工科大学生日后的主要工作方式。如何在团队中发挥自身的作用,继而使团队在竞争中胜出,这是需要深刻思考的问题,也是当代工科大学生教育的新问题。

落实在工科大学生的培养中,在教学活动组织和实施的过程里,应该遵循以下几点原则。

(1)重点培养学生的创新和竞争能力。创新是活的源泉,是驱动社会发展的动力,是新时代学生成才所必备的能力,通过有序的竞争,激发学生的学习热情,以培养学生在一定压力下的创新精神,使得学生更有活力。

(2)提升学生的团队合作素养。继“985 工程”“211 工程”等体现国家意志的重大战略举措之后,我国在高等教育系统适时启动了“2011 协同创新计划”。以协同创新模式为合作纽带,通过探索建立适应于不同需求、形式多样的协同创新模式,促进人才团队的成长。

(3)加强工科大学生实践能力的培养。随着互联网+的逐步深化,在线教育、慕课(MOOC)等一系列新兴的教学手段步入教育领域,彻底打破了传统的教学模式。随着授课资源的全球化、共享化,体验式的实操训练成为新时期工科大学生专业提升的关键。在这样的背景下,团队竞争教学方法将成为工科专业课程最有效和最活跃的手段之一。

迎合社会发展现状,组织团队竞争教学,对于培养出适应能力更强的学生尤为重要[40]。

本章将讨论团队竞争教学组织和实施模型与方法、考核和评价的公式、对团队竞争教学效果的影响因素分析,所得到的结论能够直接应用于团队竞争教学活动中,为学生的团队合作学习提供经验参考。

5.1　学习过程中的合作与竞争

为了迎接新时代新挑战,学生在学习的过程中,需要理清合作与竞争的关系。

（1）参与体验式教学活动,充分调动自己的积极性。

在传统的说教式学习方式下,通过老师对知识点的讲解,学生一开始可能会因为接触了新的观点而感到兴奋,但是如果老师不能给予学员更多新鲜感,课堂气氛不够活跃,学员的大脑很快就难以集中注意力,从而开始走神。据科学统计,大脑全神贯注在一件事上的时间大概只有 20 min。学生参加体验式教学活动时,其大脑始终处于紧张运转中,需要不停思考,动手解决实际问题,课堂上的体验式活动能提供视觉、听觉、触觉等多重感官的刺激,可以持续激发大脑的工作,提高学生的专注度与积极性。

通过规范式的教学活动,学生可以有更好的机会参与其中,担任一定的角色:主角、配角或仅仅是其中的一员。学生可以根据老师的要求,在一定的主题范围内活动,成员之间可以有更加缜密的思考,可以有更丰富的创意,进而可以提高学生的感悟能力,从而对知识的更新和观念的转变有很好的思考,进而促进学生素质的提高。不再局限于"老师讲学生听",而变成为"老师引导学生动手"。在这个过程中,知识的形成既来自学生的实践体验,又需要通过学生的再体验来验证知识,通过课堂上的动手实践使学生在亲历的过程中建构知识网络、发展能力、产生情感、理解课程意义。

参与到体验式教学过程中,可以让学生浸入角色,可以培养其团队协作能力以及领导能力,并且使学生对自身的能力有更全面的了解[41]。

（2）预期目标结合自身的特点,搭建沟通桥梁实现因材施教。

因材施教是学生身心发展规律在教学中的应用。学生的素质不同,学习基础不同,性格不同,志趣爱好不同,每个学生都有自己的特点。子曰:"不可以不知人。"教学中针对学生的共同特点和个别差异,因材施教,发挥学生在某一方面的长处,弥补学生自身的不足,引导学生找到自己的兴趣所在,针对每一个学生制定不同的期望目标。这样,有利于扬长避短,使学生获得最佳发展,也有利于创新人才的培养、学生创造力的开发。只有学习的方向是学生感兴趣的、是合适的,学生才有毅力在该方向上刻苦钻研,因材施教才能培养出行业内的尖端人才。

要做到因材施教,也给教师带来了更大的挑战,教师在教学中要接触许多学生,每个学生都有自己不同的个性,教师与每一届学生相处的时间通常在 3~5 年。认识学生是需要时间成本的过程,因此教师需要考虑,如何在更短的时间内尽可能深地了解学生。

应加强师生间的沟通,了解学生的性格与人际关系,摒弃以"教育规模"代替"教育个性"的流水线教育法,制定针对学生个体的培养计划。

（3）在合作前提下进行有序竞争。

竞争给予人压力,适当的压力促使人为了自己免于淘汰而加倍努力,可以提高学生的积极性。恶性竞争则不利于团队的进步,也不利于个体的全面发展,加之现代社会是一个需要合作共赢的社会,因此教师与学生要辩证地看待竞争与合作两者的关系。

竞争与合作不是相互排斥的[42]。相反,两者常常是不可分割的。竞争中有合作,合作中有竞争。良好的合作才是有序竞争的基础。只有在良好的合作前提下,才能在竞争中不断提高自身素质,团队中的成员才会获得归属感,这会驱使团队成员在合作中无私奉献自己的力量,共同创造一个生机勃勃、团结合作、竞争共赢的新局面。设计和组织的教学活动,模拟职场中合作前提下的有序竞争,使学生更早地适应奋斗的环境。

(4)合作结果需要量化,竞争需要保证公平。

俗话说"分分分,学生的命根",由此可见分数评价方法在教学实践中的重要地位。客观、公正地考核分数是教学方法改革融入目前人才选拔体系的大门。但是,对于以往的实践类教学方法,考核结果量化常常是一个难题。必须在教学活动开展以前制定合理的、操作性强的评分标准。

量化这个概念,如果要是用在数学的数量标定上并不难理解,但是如果把量化放在对一个人的工作、学习评价上,就不太容易了。因为有些实际问题如果只是从表面来思考,是没有办法量化的,它太过于依赖评价者的主观感受。

这时需要建立一个较为完善的评分模型,将各个影响因素考虑进去,评判者参照统一的标准模型进行打分,量化的问题就迎刃而解了。

【组织结构】

指对于学习工作任务如何进行分工、分组和协调合作,表明组织各部分排列顺序、空间位置、聚散状态、联系方式以及各要素之间相互关系的一种模式,是整个管理系统的"框架"。

——《教育心理学》

在上述方针的指导下,本书总结常用的四种组织结构,即中心型组织结构、树型组织结构、网状组织结构和混合型组织结构。四种组织结构的拓扑图如图 5-1 所示。

这四种结构模型是目前授课过程中常见的教学模型,每种组织结构有不同的特点,适用于不同的教学情况,同时各有利弊。因此团队竞争教学活动中,需要根据具体情况选择运用不同的组织结构,达到最好的活动效果。如果组织结构选择错误,可能会适得其反。

中心型组织结构[图 5-1(a)]是最传统的教学活动组织结构。同课堂讲授的方式相似,该组织结构以教师为核心,将教学资源等分应用于学生。优点是教师易于准备,易于形成考核标准,教师全权把握教学进度,且班级内进度统一;缺点是教师很难同时顾及所有学生的进度,会忽略学生个体的差异,无法考虑各个学生的特点,体验式学习效果最差。该组织结构仅适用于体验式学习的开始阶段,教师对于基本知识的串讲和解决问题思路的启发,是从授课教学到体验式教学的过渡。

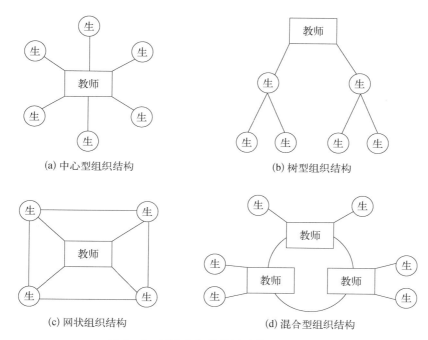

图 5 - 1　团队竞争教学活动的组织结构图

　　树型组织结构[图 5 - 1(b)]将全体同学分成若干组,每一组由若干组员组成。以组为单位开展团队体验式教学活动。优点是组织结构清晰,每个学生在组内担任不同的角色,有不同的人物,这与工科学生的日后工作方式近似;缺点是教师备课难度大,分组数目受教师精力的制约。该组织结构适合于专业基础课程和专业课程的小班学习。

　　网状组织结构[图 5 - 1(c)]降低了教师的核心作用,体现了以学生为主体的教育变革思想,适合讨论类教学环节。优点是充分调动了学生的积极性,使学生能够发散思维,容易形成“头脑风暴”;缺点是教学效果很大程度上取决于教师和学生的互动,教师个人对课堂的把控度不高,且仅适用于人数相对较少的情况,人数较多时学生之间难以形成有效互动,老师的精力也耗费过大。

　　混合型组织结构[图 5 - 1(d)]以教学指导小组的形式组织,学生和教师的任务分配相对固定。优点是使教学资源得到了充分的利用;缺点是对教师资源要求较多,教学工作组合和协调复杂。该组织结构同样适合于课程设计和毕业设计环节,同样不适用于人数过多的情况。

5.2　团队合作如何进行效果考核

　　工科大学生的体验式教学,往往以解决工程中的实际问题为出发点,培养学生解决实际问题的能力,也是现代工业社会所必需的。相对于理论问题来说,工程实际问题有这样的特点:对于同一个问题,解决思路多样,解决方案无穷尽,没有标准答案。解决工程问题,实际上是要筛选出处理问题的最优解。在以往的体验式教学活动中,以教师面试打分的方式结束,成绩常是"优、良、中、差"的形式。学生反映这种考核结果主观性强,公平性有时无法得到保障,计算学分极复杂。

在从前的传统考核中,一般是采用逐人考核、教师评定的方式进行的,学生对考核结果的关心,更多集中在个人完成的项目是否达标或者是否优秀,更注重的是个人技能和素质的体现。

而在如今的团队竞争教学模式考核评价中,是以整个团队为单位进行考核的,具体形式有:团队比赛、团队答辩等。教师将各团队的比赛成绩和答辩成绩作为评定个人最终成绩的指标,不再只着眼于个人表现。团队中每一个人的表现,都会影响到团队最终的成绩。学生在团队学习与科研过程中,除了关心个人的成绩外,会更注重团队的进步以及集体荣誉的取得,这就培养了学生的团队意识。也因此,教师需要为学生创设更为公平合理的团队考核环境,使得团队中的学生能够拼尽全力,更好地展示自己的能力。

为了制定比较合理的团队考核标准,本章首先建立了一种考核模型,继而给出了量化考核的公式,并分析了利用该公式得到成绩的统计分布特征。

5.2.1 量化考核模型

在收集到相关考核数据之后,需要构建考核模型对数据进行分析,得到更为公平的结果。

针对团队竞争教学量化考核的特点,本书提出复均匀分布模型,如图5-2所示。模型以教学活动的分组情况为基本单元,充分考虑团队合作水平和个人贡献的双重因素,在组间采用均匀分布评价,在组内亦采用均匀分布打分,得到量化考核结果。

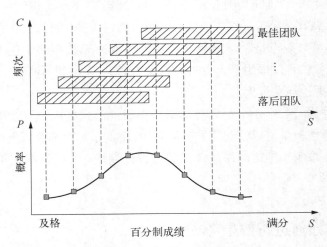

图5-2 复均匀分布模型

模型中横坐标采用百分制,以方便计算学分积,适应学分制的要求。纵坐标为成绩分布函数。可以看出,复均匀分布模型得到的全体学生成绩分布,较好地逼近正态分布,能够反映学生的能力水平分布[43]。

在有序竞争活动的过程中,评议小组由教师和各组代表组成。评议小组根据事先制定的评分细则(包括研究意义、研究内容、技术路线、研究成果、答辩情况等分项)为每一小组打分。根据评议小组的评分结果,可以得到每一个的"小组成绩"和"小组名次"。

个人最终成绩 S 则由其所在组的"小组成绩"和组长评定的"组员成绩"综合评定得到,量化评分公式如式(5-1)所示:

$$S(I, i) = A_{max} - (I - 1) \times \frac{A_{max} - A_{min}}{N - 1} + \left(\frac{n}{2} - i\right) \times \frac{B}{n} - \Delta V \qquad (5-1)$$

其中,I 为小组成绩名次;N 为小组个数;i 为组内成员成绩名次;n 为组内成员个数;A_{max} 为小组成绩的上限(本书中设置为90);A_{min} 为小组成绩的下限(本书中设置为60);B 为组内成员成绩的样本极差 $B = S_{I, 1} - S_{I, n}$ [本书中设置为组间成绩样本极差 $(A_{max} - A_{min})$ 的20%];ΔV 为平时考勤和作业完成情况(本书中设置为0~5分)。

上述量化考核方法,充分考虑了教师和各组代表的意见,既维护了考核的公平性,提高了学生的民主和参与意识,也是学生之间学习和交流的机会。同时,公式中不采用"成绩",而采用"名次",削弱了题目难易程度的影响,弱化了面试评分的主观影响因素,降低了打分制的随机效应,使所有考生成绩的统计特性趋于稳定。

5.2.2　总体成绩统计量

本节针对式(5-1)所得到的成绩样本,分析总体成绩统计量。暂不考虑平时考勤和作业完成情况 ΔV,可以得到平均成绩值、最高成绩值、最低成绩值、成绩分布极差值和成绩中位数。

成绩平均值 $\overline{S} = \frac{1}{M}\sum_{j=1}^{M} S_j$:

$$\overline{S} = \frac{1}{n \cdot N}\sum_{I=1}^{N}\sum_{j=1}^{n}\left[A_{max} - (I - 1) \times \frac{A_{max} - A_{min}}{N - 1} + \left(\frac{n}{2} - i\right) \times \frac{B}{n}\right] = \frac{A_{max} + A_{min}}{2}$$

$$(5-2)$$

最高成绩值 $S(I, i) \mid I = 1, i = 1$:

$$S_{max} = A_{max} + \frac{B}{2} \qquad (5-3)$$

最低成绩值 $S(I, i) \mid I = N, i = n$:

$$S_{min} = A_{min} - \frac{B}{2} \qquad (5-4)$$

成绩分布极差值 $r = S_{max} - S_{min}$:

$$r = A_{\max} - A_{\min} + B \qquad\qquad (5-5)$$

成绩中位数 $S(I, i) \mid I = N/2, i = n/2$：

$$\tilde{S} = \begin{cases} A_{\max} - \dfrac{N-2}{N-1} \cdot \dfrac{A_{\max} - A_{\min}}{2}, & N \text{ 为偶数} \\[4mm] A_{\max} - \dfrac{N-3}{N-1} \cdot \dfrac{A_{\max} - A_{\min}}{2}, & N \text{ 为奇数} \end{cases} \qquad (5-6)$$

从得到平均成绩值、最高成绩值、最低成绩值、成绩分布极差值和成绩中位数表达式可以看出，总体成绩统计量多为常值，不包括学生总人数、题目难易程度等参数。说明所建立的量化考核公式的稳定性好、公平性强。

5.3 团队合作效果影响因素分析

上述考核模型效果受到以下几点因素的影响。

5.3.1 小组人数的影响

组员是团队教学的最基本要素，一个小组的工作由各个组员协作完成，每个人的学习收获又以小组的成果为基础。团队竞争的小组人数成为影响教学效果的重要因素。最直观的认识是"人多力量大"，组员越多，可调配的资源就越多，预期的成果越大。为了使自己得到更多的资源，花费更小的力气，学生也往往倾向加入人数相对多的小组。但事实上，如果组员人数太多，反而工作效率降低。当团队成员过多时，教师授课就很难照顾到小组内每个学生的特点，倘若团队内人手过于充足，一些学生就会陷入"没事干"的境地，久而久之，这样的团队会成为一些试图"划水"的学生的庇护所。当进行问题讨论时，只有少数积极的学生主动干实事，参与到解决问题的实践中，而大部分学生想着蒙混过关，"事不关己，高高挂起"。如此一来，懈怠和推诿的现象时有发生，甚至出现"三个和尚没水吃"的局面。反过来说，小组人数是不是越少越好呢？答案当然是否定的，没有足够的人手，就没有足够的资源，学生之间无法产生思维的碰撞，更不用提互相促进、协调发展，如此就不可能完成相应的实践任务。小组人数少到极致就是个人一组的传统模式，教师无法照顾到众多学生的体验式教学效果。这一规律也可以用效果评价函数 $f(N, n)$ 来说明。

效果评价函数 $f(N, n)$ 是"每小组人数 n"和"小组数目 N"的二元函数。在学生总人数一定的情况下，效果评价函数可以化简成为一元函数 $f\left(n, \dfrac{1}{n}\right) = A \cdot n - \dfrac{B}{n} + C$ 的形式，通过求解方程 $f'\left(n, \dfrac{1}{n}\right) = A - \dfrac{B}{n^2} = 0$，可知当 $n = \sqrt{\dfrac{A}{B}}$ 的时候，效果最佳。因此，在选课学生数目一定的情况下，存在一个最佳的小组人数，人数太多或太少效果都不好。根据笔者实践教学经验,一般以 3~5 人为佳。

5.3.2　组员特征的影响

这里提到的组员特征包括性别特征、年级特征和喜好特征。一个小组的组成,是自由组合好,还是随机分配佳? 男女搭配合理,还是让善于理性分析的男生成组,让缜密细致的女生成组,充分发挥性别的优势? 学分制以后,会出现在同一个课堂有不同年级的学生,如何组织团队活动? 这些因素是否会对教学活动的效果产生影响? 实践证明,组员特征将对教学效果产生显著的影响。教学实践中,如果让学生自由组合,会出现明显的"聚类现象",学生更愿意选择同性别、同年级、同寝室的组员,这样就可能出现"组间异质、组内同质"的分组,就会导致组间交流过少,很容易变得固步自封,这无疑将不利于调动学生的积极性,因此不宜广泛或长期使用。但实际上,一个团队结构如果性别搭配合理、特点互补,反而更容易激发创新。因此学生组建团队时,教师可以进行一些必要的干涉,使得团队的人员构成更加合理。

通常来说,男生抽象逻辑思维较强,而女生形象思维较优,男女擅长的方向不一样,做事所考虑的角度也不一样。在一个教学团队中,男生和女生合理搭配,能互相利用其优势,在团队学习中相互促进、优势互补。因此,在组织团队活动时,要考虑性别合理搭配,充分发挥男女生之间的合作优势。此外,特点互补的学生也能在合作中相互激发,比如:性格外向的学生分配在各团队中,让他们的性格和领导能力影响和带动团队中性格内向的学生,提高其积极性和主动性,活跃团队的总体氛围。而性格内向的学生,他们的宁静与沉稳也可以对团队氛围进行互补,"动静结合"的人员合理安排,可以大大提高学生团队活动参与度,鼓励每个小组成员展现自我,让他们在教学过程中互助与合作,从而提高团队总体效率,激发创造能力。

笔者给出一个真实的团队竞争案例,以支持上述观点。团队竞争参与者为大学三年级学生,竞赛题目为著名的"棉花糖挑战(marshmallow challenge)",每个团队有充足的意大利面条、胶带、棉绳和一颗棉花糖,限时内尽可能堆出高塔,塔最高组获胜。

在实验过程中,通过观察各个团队在堆塔时的合作表现与竞赛结果,可以验证本书论述的一些结论。

实验分两个阶段进行:第一阶段有三个组参加,每个组的性别搭配各不相同,分别是"3 名男生""3 名女生"和"2 男 1 女"。图 5-3(a)显示了竞赛结果。可以看出,"男女组合队"建成了最高的塔。第二阶段也有三个组参加,所有选手均为男生,但每组人数略有不同,分别是 3 人、4 人和 5 人。从图 5-3(b)中看到,4 人组获得了最好的成绩,其次是 5 人组,3 人组垫底。这一实验很好地验证了上述分析。

团队中合理的性别比例搭配、合理的构成人数,使成员之间的交流互助更加和谐,并能很快确定各个成员在团队中合适的位置,领导者由更有号召力的人担任,思维活跃的人出谋划策,动手能力强的人听从指挥上手操作,使得整个团队运作得井井有条,这将更有利于任务的完成。

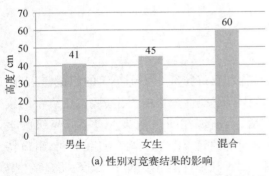
(a) 性别对竞赛结果的影响

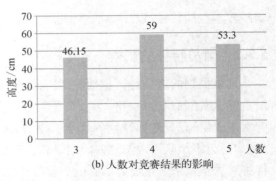
(b) 人数对竞赛结果的影响

图5-3 竞赛结果统计

5.4 用数字孪生对学生进行全面的评价

【数字孪生】

　　数字孪生是指充分利用物理模型、传感器、运行历史等数据,集成多学科、多尺度的仿真过程,它作为虚拟空间中对实体产品的镜像,反映了相对应物理实体产品的全生命周期过程。

——美国国家航空航天局(National Aeronautics and Space Administration, NASA)

5.4.1 育人需要目标导向

　　对个体学生形成数字孪生体,尽可能准确地描绘学生的成长过程,预测学生的职业发展,助力学生正确认识远大抱负和脚踏实地的关系,把远大抱负落实到实际行动中,这是数字孪生育人理念的最根本目标。

　　"数字孪生体"建立过程中,遵循16字方针:"量化描述、指标完整、挖掘规律、以评促育"[44]。

　　量化描述指将学生成长过程中的点点滴滴记录在案,并努力形成数字化的记录。事实上,各高校已经在数字化档案的建设中做了很多努力。例如,描述教学方案的数字化信息是学时数和学分数;描述教学手段效果的数字化信息是教评分数;描述教学效果的数字化信息是学生的成绩。这些数字化信息,给数字孪生育人提供了前提条件。

　　指标完整指针对德智体美劳全面发展的人才培养要求,尽量包含学生成长的全面数据。既有教学过程数据,也有思政评估和职业规划数据。建议数据信息至少包括:学情分析信息、个体兴趣和特点、教学过程数据、知识点考核成绩、能力培养评价、素质培养评价、职业规划信息、敬业协作和团队精神8种。数据越多,刻画越全面,学生的个性也就反映得越生动。

挖掘规律的内涵是寻找影响育人效果的因素,探索不同因素对人才培养的规律。涉及的规律包括教育学规律、心理学规律和思想政治教育规律。高校思想政治工作根本在于做人的工作,中心环节在于立德树人,核心在于提高人才培养能力[45]。做人的工作,规律都不是简单的线性规律。人耳对不同频率声音的敏感性是"计权规律";人眼对不同波长的光波感受是"颜色规律";人脑对不同的教育手段的敏感程度又是什么规律呢? 希望在"数字孪生体"中可以挖掘获得。

以评促育的内涵是通过考核和评价的量化结果(学分绩、综测成绩),分析学校、教师和学生的影响因素,优化学业监测、三全育人和职业规划工作,促进育人工作的发展,形成教与学的良性循环,其中教学过程数据正是教育内涵式发展的关键。图 5-4 给出了航空发动机专业人才培养的环节与目标。图 5-5 展示了数字孪生育人理念的内涵和框架。

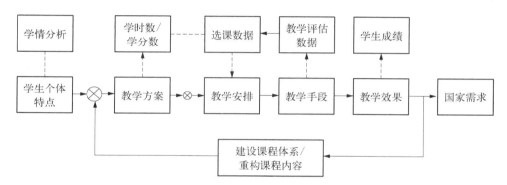

图 5-4 航空发动机专业人才培养的环节与目标

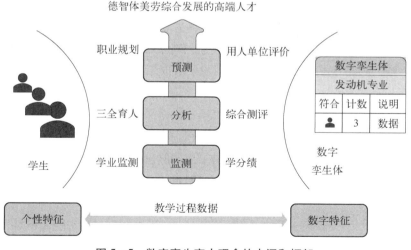

图 5-5 数字孪生育人理念的内涵和框架

5.4.2 效果需要数据支撑

数字孪生育人是教师运用数据优化教学的内驱力和前提。秉持以学生为中心的教学原则,围绕学生的成长,建议至少关注以下几种数据。

1. 学情分析信息

学情分析又称为教学对象分析,是了解学生的实际需要、能力水平和认知倾向,为学习者设计教学内容,优化教学过程,更有效地达成教学目标,提高教学效率所开展的工作。通过学生的先修课程、课程成绩等信息了解学生的认知发展水平和已有的知识基础。通过提问、交流、课堂观察等方式了解学生的学习状况,敏锐地发现学生学习中出现的问题和难点,及时对教学内容及方法进行调整,促进精准化教学,达到教学设计优化的目的。

2. 个体兴趣和特点

随着人类对创新素质的认识发展,将创新素质定义为人在先天遗传素质基础上,通过后天的环境影响和教育所获得的稳定的在创新活动中必备的基本心理品质与特征。在教学过程中要分析学生的个体差异,多角度、多层次、多方位地实施教学[43]。例如,课题设计项目的选择,可在涵盖课程教学目的的条件下,拓宽选题范围,与学生的兴趣爱好、个人能力拓展(例如个人额外有先修的知识)相衔接。通过挑战不同难度的项目,发挥合作等方式,实现长短互补,在保持学生学习积极主动性的前提下有效提升学生能力,同时促进个性化发展。

3. 教学过程数据

教学过程数据包括课前导学或预习信息、课堂互动信息、作业情况、课后学生评价等信息。目前采用小程序或者雨课堂等信息化手段,学生也乐意加入这样的互动方式,信息获取方便,利于定量分析,及时掌握教学情况。利用这些信息评价学生在整个课程过程中能否达到既定的教学目标和要求。

4. 知识点的考核成绩

在课程的教学设计上,课程章节之间的逻辑关系,每一章的基本概念、基本理论、基本方法,知识难点和重点都应清晰地呈现给学生。知识点的考核可灵活采取笔试成绩、平时成绩和实践项目成绩等方式,并不断加强实践项目成绩的比重,加强主观创造性题目的设计,达到知识进阶要求。

5. 素质培养评价

目前高校多用综合素质测评表征素质指标,更多是从学习成绩、竞赛、发表论文和思想政治教育角度评价,与社会对人才要求的匹配度较差。采取与科研院所、社会企业的广泛交流,了解社会及企业院所的需求,同时结合科研前沿发展,优化人才素质培养指标。

对学生的评价更应注重过程性,采取教师评价、学生互评、学生自评和反馈等多元评价体系,使得学生了解自我评价和别人对自己认识之间的差距,有针对性地找出自己的差距与不足。

6. 敬业、协作和团队精神

通过组队项目合作,实现个人价值和集体价值相结合,创设自我管理的良好合作环境,协调发展,培养学生的交际能力、领导能力、责任感和协作精神。

7. 能力培养评价

美国教育评价标准联合委员会(Joint Committee on Standards for Educational Evaluation, JCSEE)认为[46]:"学生学习结果是对学生特定学习的期望,即学生在特定的学习、发展及表现等方面将会获得的各种结果。通常包括:知识与理解力(认知)、实践技能(技能)、态度与价值观(情感)及个体行为"。因此,评价学生能力时,评价因素包括自学能力,获取知识、运用知识的能力,有利于创新活动的认识能力、实践操作能力、表达能力、组织交往能力等的综合评价,才能满足社会发展对创新型人才的需求。

8. 职业规划信息

职业生涯规划现已成为高校人才培养计划中不可或缺的一部分[47]。各大高等院校对大学生进行职业生涯辅导,指导大学生通过实践辅导课程进行职业生涯自我设计规划与实现,各专业课程教师尤其要激发学生树立明确的学习就业目标,激励调动学生学习的主观能动性,制定一个较为清晰的学习工作路线,鞭策自己不断进步以求全面发展与专业发展。

通过上述 8 类数据的积累、管理、分析和挖掘,从课程体系的"大数据"和专业课程的"小数据"中,提炼有用的信息,构建育人数字孪生体。

【职业生涯规划】

又名职业生涯设计,是指个人与组织相结合,在对一个人职业生涯的主客观条件进行测定、分析、总结的基础上,对自己的兴趣、爱好、能力、特点进行综合分析与权衡,结合时代特点,根据自己的职业倾向,确定其最佳的职业奋斗目标,并为实现这一目标做出行之有效的安排。

——《职业生涯规划与发展》

5.5　团队合作项目实施方法与流程

5.5.1　团队竞争教学活动的组织与实施的指导方针

① 规划体验式教学活动,调动每一个人的积极性;② 因材施教,预期目标结合每一个学生个体的特点;③ 设计和组织合作前提下的有序竞争;④ 实现结果的量化及竞争的公平性。为此,可以选择中心型组织结构、树型组织结构、网状组织结构和混合型组织结构。

规划体验式教学就是让学生在教学团队中获得相应的角色,亲身经历进行自我探索。通过这种教学方式,学生才能更深入地思考问题,进而激发学生职业生涯规划的意识,调动学生对行业的热爱与积极性,增强职业生涯规划的能力与解决实际问题的能力。

因材施教就是要研究学生的专项长处、兴趣喜好、性格特点等方面,并找到团队成员的统一兴趣,激发各成员的积极性。

根据具体教学情况的不同,选择不同的教学组织结构。在学生人数、教学资源等条件允许的情况下,引导学生多思考、多动手。

5.5.2 量化考核的公式

所提出的量化考核的公式,充分考虑了教师和各组代表的意见,既维护了考核的公平性,提高了学生的民主和参与意识,也是学生之间学习和交流的机会。同时,公式中不采用"成绩",而采用"名次",削弱了题目难易程度的影响,弱化了面试评分的主观影响因素,降低了打分制的随机效应,使所有考生成绩的统计特性趋于稳定。

同时,这种模糊边界的评价方式,弱化了学生身上"优"与"劣"的标签,取而代之的是教师对于团队合作成果的建议意见,这样就保护了学生的自尊心,减少其失落感。最大限度地避免成绩不佳的学生为自己的表现感到忧虑,最终自信心瓦解,积极性随之衰落。要明确解决工科问题不止一个方法,各种方法中更多讨论的是"是否最优"。

学生在这种公平的评价下得到最中肯的改进意见,可以使其保持探求知识的冲劲。同时,在授课过程中,可以以该量化考核公式为指导,对学生的参与度、课堂的活跃度、知识的掌握程度等进行量化打分,并且不断地提高授课水平。

5.5.3 教学效果的影响因素

在团队竞争教学活动中,小组人数、组员特征等因素均会对教学效果产生影响。最佳的小组人数以及合适的性别搭配将更容易激发团队创新,获得良好的效果。

不合理的组织人员构成,会让团队中学生所担任的角色不够明确,任务不够鲜明。导致责任分散,学生无法有序开展合作,变成了"无头苍蝇"。因此在组建团队时应该考虑这几种影响因素,学生可以很快在团队中明确自己的角色和职责,不同性格特点的小组成员担任团队中不同的角色,顺理成章地找到最适合自己的位置,这就使得团队竞争教学活动的效果达到最佳。

将不同特点的学生聚集在一起,充分发挥他们各自的优势,取长补短、互帮互助、强强联合。再根据学生的个性特点、兴趣爱好、心理素质、能力水平等进行优化人员分配,在小组成员人数合适的条件下配齐多方面人才。

5.6 关于考核与评价,老师有话说

5.6.1 考核的目的是培养,而不是淘汰

课程结课考核后,不但统计成绩分布,还应该进行成绩分析。统计考生失分最多的知识点,在下一轮授课的过程中改进教学方法。分析学生群体的薄弱思维方式,刻意在学术讲座和毕业设计过程中贯穿讲解。

注重过程考核,并不断加强实践项目成绩的比重,加强主观创造性题目的设计;实践项目遵循"分组完成,独立考核"的原则;着意培养学生的实践能力、领导能力、团队意识和合作精神。尝试从"知识型"向"素质型"人才培养过渡,向知识-能力-素质的高阶性理念迈进。

5.6.2 虚实结合、数教结合和医工结合的教改手段

开展教改的过程中,加强实践平台建设,既加强发动机实物教学的传统,又建立虚拟仿真平台,虚实结合,激发学生积极性。基于学生主观评价数据和生理指标客观数据,以大数据处理的思路,开展教改效果评价。在传统工科教学过程中,借鉴西医的监测手段,融合形成学科的交叉。

5.6.3 以未来需求为导向,培养具有家国情怀的卓越工程师

育人目标是培养德才兼备的高层次专业人才[48]。以往,"德"的培养方式常常集中在政治课程;"才"的培养手段则通过专业课程讲授知识[49]。人文课程和专业课程是两条平行线,思政课程和课程思政相对独立,学生并不容易实践价值塑造、能力培养和知识传授的多元统一。为此在实践的过程中,尝试以本专业的理论知识为基础,以学生的思想成熟度为着力点,以多元评价与过程考核为抓手,帮助学生走上"瞄准方向-动力十足-奋斗奉献-幸福一生"[50]的路线。

数字孪生育人,特征是借助育人过程数据来描述学生个性;关键是如何利用数据监测、分析和预测学生的成长,保证育人质量;实质则是"以学生为中心,因材施教"育人理念的落地与实现。其内涵与方法可以为航空航天学科和具有类似特点的传统学科人才培养提供参考和借鉴[51]。

学生通过学习得到成长,一步一个脚印踏过人生的阶梯。第 6 章将揭示阶段性成长的道理,让学生深刻地了解到:学习是一个持之以恒的过程,是一个通过积累最后爆发的过程。

第**6**章

能力的迭代提升

——量子跃迁

　　成长是阶段性的,学生常常会感觉自己遇到困难、陷入原地踏步的瓶颈期。事实上,学习不是一蹴而就的,需要长时间的积累,最终将知识内化成为能力。本章将从"动力与能源专业"的角度出发,联系相关知识点,揭示成长的普遍规律,鼓励学生以积极的态度度过学习瓶颈期。

6.1　为什么我一直在努力,能力却没有及时提升

【能量积累与量子跃迁】

　　跃迁,指的是量子力学体系中,量子由于吸收(或放出)能量,而使其状态发生跳跃式变化的过程。原子在光的照射下,从高(低)能态跳变到低(高)能态,发射(或吸收)光子的过程,就是典型的量子跃迁。

——《物理学词典》

　　量子跃迁是一个概率性的过程,是量子规律的根本特征。这种概率性过程是无法进行预测的:以原子能级跃迁为例,某个原子什么时刻发生跃迁根本无法事先预言。有的原子跃迁可能发生得早,有的则可能发生得迟一些,因此原子处于激发态的寿命不是一致的。虽然单个原子激发态寿命无法预估,但对于大量原子来说,激发态的平均寿命可以确定,可经过实验测定和理论计算得出。量子跃迁的速率,与体系的相互作用以及跃迁前后的状态有关,而且这种跃迁遵从一定的守恒定律。图6-1给出了电子跃迁能级示意图。

　　微观粒子量子状态的变化,包括从高能态到低能态以及从低能态到高能态两种。粒子通常以受热、碰撞或辐射等方式,获得一定的激发能量。当所获能量相当于两个能级之差时,粒子就会从能量较低的初态,跃迁到能量较高的激发态。但这种状态是不稳定的,有自发地回到稳定状态的趋势。在释放出所得的能量后,粒子又重新自动地回到原来的状态。

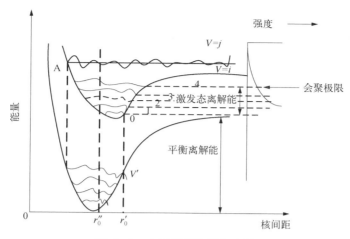

图 6 - 1　电子跃迁能级示意图

　　这样有规律的行为称为量子跃迁,它遵守严格的量子规则,吸收或发射的能量都是整数倍的。发射(或吸收)的整数倍能量,如果以光的形式表现出来,就会形成分立的光谱线。

　　能量跃迁的条件为激发和释放。我们在动力机械运维场景下,需要对滑油中金属颗粒成分进行光谱分析。所用到的光谱分析仪可以分为发射光谱仪和吸收光谱仪。发射光谱仪是把样品进行激发,让样品能够气体化,使其能够发光,分析样品发出的光谱;而吸收光谱仪让样品吸收外界直接发射出来的光,通过分析样品中光谱的变化,分析样品中的物质组成。通过分析滑油中金属磨屑的成分,定位动力机械中摩擦副疲劳磨损情况。

　　类比量子力学能量跃迁,可以知道:在量子跃迁中,电子所吸收或放出的那些特定大小的能量值并不是能级(energy level),而是不同能级之间的能量差。能量需要经过一定程度的积累,最后实现层级的飞跃。能力的提升不是一蹴而就的,但只要持续不断地努力,自身的知识一点一滴地积累,能力终究会得到提升,知识水平迈上新的台阶。

　　现实生活中会遇到这样的情况:一些同学喜欢考试前突击考点,背下重点知识,不久后考试顺利通过,甚至能拿到一个不错的成绩。这个成绩与那些平时上课认真听讲的同学差异不大。但是,没有经过积累,就突击取得成绩,学生就真的学到知识了吗?

6.2　能力是积累的结果,不是突击的成绩

【中心极限定理】

　　中心极限定理,是指概率论中讨论随机变量序列部分和分布渐近于正态分布的一类定理。是数理统计学和误差分析的理论基础,指出了大量随机变量近似服从正态分布的条件。

——《概率论与数理统计》

中心极限定理是概率论中最重要的一类定理,有广泛的实际应用背景。在自然界与生产中,一些现象受到许多相互独立的随机因素的影响,如果每个因素所产生的影响都很微小时,总的影响可以看作是服从正态分布。

只要样本容量足够大,未知总体的样本特征值就趋近于正态分布。

由该知识点可知,当大量的数据样本累积之后,便可以成"型"(即呈现正态分布)。样本数据可以类比成人生中的知识与经验,在积累大量的知识与经验后,才能形成自身的能力,未知领域也逐渐有了轮廓,在积累中成为已知。

在中国古代,就有荀子在《劝学》篇中所说:"故不积跬步,无以至千里;不积小流,无以成江海。"而现代著名数学家华罗庚也曾经说过:"聪明在于学习,天才在于积累。"可见从古至今,无论从哪个学科角度上看,能力都是积累的结果。

通过突击所得到的成绩,并没有将知识印刻进脑海里,很快就会忘却。积累会让人们掌握解决问题的逻辑思维,即使对一些具体问题印象模糊了,还是能很快寻求到新的解决方式,因为这种解决问题的逻辑思维已经成为个人的能力。当遇到类似的困难时,便可以举一反三加以解决。

积累是踏踏实实地学习,此时所获得的东西就是属于自己的智慧和财富了,已经成为脑海中不可分离的一部分,来日遇到具体问题时,可以做到融会贯通。而学生在考前突击学习,仅仅是顺利达标通过考试,有些本身就有一定天赋的同学,甚至可以幸运地获得一个稍微好看一点的成绩,但是考完知识就丢了,这种投机取巧的办法是不会长久的。

短期高强度学习,会让学生的大脑神经元连接更加紧密,让他在计算、写作、记忆等方面的能力迅速提高,这就是为什么学生突击学习可以得到短期的成绩提高。但这种提高,会随着复习的停止而快速减弱,无法在脑海里形成知识体系;如果突击学习之后,没有持续的巩固和记忆,前期学到的东西会忘得一干二净。相反,持续的学习能让神经元建立永久性的连接,从而形成长期记忆。

6.3 新技术的放大作用

摩尔定律是英特尔创始人之一戈登·摩尔(Gordon Moore)的经验之谈,其核心内容为:集成电路上可以容纳的晶体管数目在大约每经过 18 个月便会增加一倍。换言之,处理器的性能每隔两年翻一倍[52]。这也就是为什么我们购买的计算机运行速度越来越快,但价格越来越便宜的原因。它一定程度揭示了信息技术进步的速度,也指出信息产业不是线性增长的,而是指数增长的。

计算机性能和储存的高速增长,未来硬件成本必然下降,这意味着当前提供的高额成本的产品,可以在未来产品成本下降时仍然实现盈利。图 6-2 给出了智能革命的过程。

这种事物不断增长的趋势,在机械类中称为杠杆作用,在电子类中则被定义为增益。

抓紧机会乘上智能革命的快车,利用新科技的放大作用,可以让国家实现科技上的弯道超车。

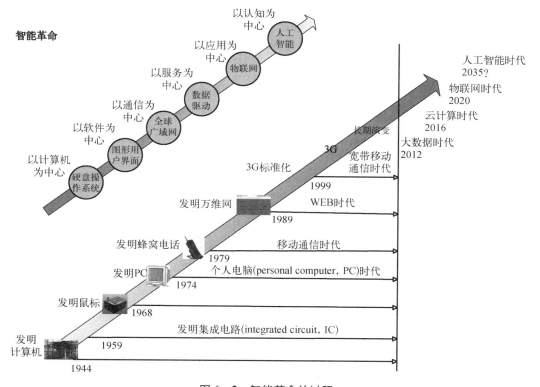

图 6-2　智能革命的过程

　　例如：这 30 多年来,中国把握住发展机会,各个领域的发展速度都令人难以置信,尤其是在 5G 方面,更是全球领先,这些高新技术的进步让中国与各发达国家的差距逐步缩小,正在实现大国的复兴与崛起。

【线性增长】

　　指以一次函数 $y = kx + b$ 的形式增长的图像,因为该函数图像是一条直线,所以是线性增长,通俗地讲就是等速增长。如果把这两个变量分别作为点的横坐标与纵坐标,其图像是平面上的一条直线,则这两个变量之间的关系就是线性关系。

——《高中数学》

　　一般来说,人们比较容易理解线性增长,所以习惯用这种简单的线性增长思维来考虑各种问题[53]。

　　简单的线性体系特征,一般具有明确的因果关系,如函数关系 $Y = f(x)$,符合线性增长规律。这种体系易于理解和接受,因此人们往往从线性关系开始学习,但这种增长关系无法实现自我复制和迭代,增长的潜力不够大。

　　复杂的体系特征一般无法找到确定的因果关系,呈现的是幂次型的增长,具有自我复制与自我迭代的能力,增长的潜力巨大,但其理解起来比较复杂困难。

然而,这个世界上许多事物的变化都是复杂的,并不是如此简单的线性关系,它是呈现指数化增长的(或称为幂次增长)。学生要培养用幂次增长思维来解决问题的能力,这种思维更加贴近科技发展的实质规律。

幂次增长呈现出这样的特点:初期增长缓慢,但幂次增长的加速度持续不变,增长的速度便越来越快,最后结果往往是惊人的,通常会大幅超出人们的想象,得到非凡的结果。

幂次变化一个十分常见的例子是:一张厚度为 $1~\mu m$ 的纸对折 64 次,厚度会超过地月距离。这就足以看出,幂次增长具有巨大的潜力。

诸多科技发展也有如同幂次增长的特点。在起步初期,仅仅是不起眼的边缘技术,这些技术甚至可能在无人问津的小市场中增长壮大。但因为其发展遵循幂次增长变化,眨眼之间,此类新兴技术就迅速壮大,很快占领市场,甚至改变人们的生活。例如:移动支付、网络购物等,都是技术幂次增长,初出萌芽后迅速崛起,最终颠覆性改变我们生活的例子。起初这些技术只是一个微小的存在,然而突然间它变得无处不在并且对人类生活至关重要,这就是科技发展的放大作用。

由此带来的教学问题主要如下。

(1)对学生:揭示"学习速度赶不上知识发展速度"的困惑问题。

在有限的在校时间中,培养学生无限学习的学习观。引领学生探索方向,而不是给学生划定学习范围。在多学科交叉领域,帮助学生探索学科的新内涵。积极推进体验式学习模式,培养学生从"被动听"到"主动学"的通识教育理念改变,以应对新工科"学习速度赶不上知识发展速度"的现状。

(2)对教师:探索"用线性的教学资源完成指数型增长的教学任务"的矛盾问题。

新工科技术发展很多符合摩尔定律,是指数型发展的。能源动力类等传统工科专业是逐步积累的,其教学工作以前是线性发展模型。建立学生的知识网络框架,培养其主动探索的能力。在大数据与人工智能的时代,出现了探索"人工智能+"的新方法。例如智能诊断、故障预测,培养学生高效的思考能力。

(3)对教辅:尝试"新技术新手段和专业教学的协调发展"统一问题。

物联网技术、增强现实(augmented reality, AR)/虚拟现实(virtual reality, VR)技术从学术划分上不属于本学科,也不是本课程的教学重点。但这些新技术却可以给能源动力类专业构建一个新的教学环境。可以借助新技术新手段,搭建虚拟的新工科学习空间。建立利用新技术新手段促进专业学习的协调发展理念。

为此,需要针对目前尝试和创新机会少、探究积极性受挫和学生专业使命感下降等问题,采用虚实结合、数教结合和医工结合等教改手段,尝试解决航发人才培养过程中的实践问题。为新工科背景下,能源动力人才培养改革提供理论和尝试。

本书提出的解决问题的思路和尝试如下。

(1)维度一:建立知识点的数据网络框架。

清点和量化学科知识点,梳理知识点之间的关系,绘制思维导图,构建航空发动机设计和故障诊断人才培养的通识教育知识点的网络框架。并在知识网络中,研究增加思政教育、爱岗敬业教育、航空报国教育的最佳时机和方式。

（2）维度二：建设自主学习的虚拟平台。

随着教育行业信息化的普及,以往传统的教学管理以及死板老套的授课管理方式,已经无法满足高校师生对未知领域新知识不停探索的需求,建设自主学习虚拟平台可以解决师生汲取知识速度加快的问题。信息技术应该加速运用到高校教育中,这是教育行业现阶段的发展大趋势。基于虚拟现实技术、数字孪生技术和虚拟仪器技术,建设发动机虚拟设计、虚拟维修的自主学习平台,可以有效增加学生创新的积极性,降低创新成本。

以师生共有的校园网络资源为基础,建立有学校特点,能给使用者提供一系列个性服务的虚拟环境教学平台,为教师提供高效率教学模式,为学生提供高效率的自主虚拟学习平台,调动起师生的互动积极性。通过虚拟教学平台的建设,满足教学中创建学习环境的要求,让学生能够身临其境地感受学科乐趣。

同时,建立网络虚拟教学平台,可以实现老师对学生的互联网教学管理,提供多样的教育环境,甚至在一些苛刻条件下,可以及时开设远程教学视频会议,构建虚拟的网络教室,如此一来也能顺利地搭建起师生沟通的桥梁。

（3）维度三：搭建实训演练的云专家团队。

充分利用行业资源,吸引更多的实践演练指导教师加入教改团队。先期,已从中国航发 606 所、608 所、624 所(中国航发三大主机所)遴选了发动机设计/诊断专家开展教改实践。后期,将更多地利用云空间、直播平台和虚拟教室,充分利用异地专家资源,增加学生实践的机会。

除了本校教学资源以外,云专家团队可以整合更加丰富的教育资源,连接各大高校与各大研究所,为学生创造出更加理想、更加多姿多彩、更加贴近社会现实、国家需求的云学习环境,同时可以加强各学校直接的教学成果分享,实现共同进步。

（4）维度四：教学进度的智能安排。

因材施教是育人的根本原则。但在实践中,因材施教却又困难重重。人工智能在此方面,比人类教师表现出更强大的能力和潜力。每个学生根据学情分析,都将获得具体的、可执行的,并且从理论上说一定最优的学习计划。包括以目标为导向的自主学习、倍速阅读、前沿热点实时跟踪。

教师应该根据数据分析所得的实际情况,对教学计划适当地做加法和减法。

（5）维度五：教学效果的数据评价。

大数据将有可能在教学效果的数据评价中发挥重大的作用。每个学生在学习过程中,都会产生大量的过程数据。通过数据统计可以得到细致的、公平的、量化的评价指标。而数据挖掘技术则可以在教学效果分析中起到意想不到的效果。

通过以上"5 维度的人才培养数字空间"建设,拟探索人工智能、云计算、物联网、虚拟现实、数据挖掘等新兴技术促进教与学的方法与路径。

6.4 教育实践中的原则

6.4.1 在案例教学中,融入思政教学元素

德才兼备是新时代成才的方向和目标,需要教师和学生反复体会和思考。内涵式发展是解决高等教育内在问题的方法,是高等教育众多发展方式之一,是高等教育自始至终永恒的发展要求[54]。对于航空航天专业,"西工大工匠精神"长盛不衰,可以发挥行业特色高校的优势——毕业生已在祖国需要的地方生根发芽,成为劳模和岗位能手,是最好的思政教学资源。这些毕业生和在读学生年龄差距不大,且具有相近的学习经历和共同语言。他们是课堂思政最鲜活的讲授者,他们是军工报国情怀最直接的传播者。形成朋辈引领,形成精于(学)业、勤于思(政)的良好氛围,在教学过程中坚持教师引导和学生讨论相结合、坚持专业知识传授和爱国主义教育相融合、以工科知识借喻人生哲理,探寻"自驱动型"大学生的成长模式,形成传承"红色基因"的新风尚。

"故障诊断"是从理论过渡到实践的核心专业课程。需要思政教育融合开展,原因有三个:① 故障诊断难,需要坚定的信念和必胜的决心来支撑;② 故障诊断苦,需要正确的价值观和人生观来指引;③ 故障诊断技术新、变革快,需要改革的魄力与攻坚克难的思想准备。结合课程的特点,探索了以下课程思政模式和方法:① 组成思想进步的共同体;② 在科研育人中,落实专业知识和报国情怀的融合传承;③ 提高政治站位,课程教材既是专业书,也是政治书;④ 线上和线下,思政不间断。

6.4.2 在劳动中,提升社会主义接班人的能力

青少年一代的价值取向,决定着未来整个社会的价值取向,决定了中华民族长久竞争力,关系到中国特色社会主义事业是否后继有人。劳动是培养青少年能力的重要条件,这就需要学校提高育人能力,提供相应的劳动条件,并遵循教书育人规律和学生成长规律,不断完善教育体系,健全人才培养体制,提升办学要素水平,给予学生相应的引导,让学生形成为国奉献的价值取向。同时还要遵循社会发展规律,把握发展前景,培养出国家发展需要的、有能力的接班人[55]。

弘扬劳模精神,奋进铸"心"事业。实践"朋辈引领"计划,把劳模请回教室,期望劳模精神能够激励学生:好好学习、早日学成、军工报国,为我国发动机事业贡献自己的力量。

随着社会科技的爆发式指数发展,授课内容也应该紧跟科技发展,让学生接触新鲜事物,适应信息社会。

在授课的过程中,着力训练研究生必备的劳动技能,刻意锻炼研究生的 8 种能力:① 编写代码;② 分析数据;③ 数据挖掘;④ 仿真计算;⑤ 实验分析;⑥ 批量操作;⑦ 数据获取;⑧ 结构建模/结构 CAE 的劳动能力。

6.4.3 基于人工智能的学习计划制定、教学效果评价

以往教学效果评价主要依靠考试成绩,教学效果反馈主要依托学院。这样无法及时

反馈教学效果,造成教学改革反馈滞后。特别是在线开放课程、MOOC 的逐步使用,教评矛盾更加突出。

　　传统课堂教学效果评价,过度依赖专家,分析效率低,主观因素太强,无法进行个性化分析。现代课堂教学效果应该努力突破困境,从全人工向大数据过渡,将人工智能技术运用起来,教师能够根据教学效果评价数据,及时调整学习计划,针对学生做个性化的指导。前文第 4 章所提到的,建立课堂基于人脸识别的专注度分析系统,可以成为人工智能技术运用在课堂教学效果评价的突破口,以期逐步达成智能评价的目标,对教师的教学水平有更加直观的评价。

　　在这种情况下,目前已经设计了《课程反馈信息表》《教改效果调查表》和《大学生职业规划调查问卷》,以保证教改方法的及时反馈和最终效果的评价。当然,下一步也将积极筹划电子/网站等更方便、融入人工智能的算法,进行授课前的学情分析和授课后的效果评价,以达到教学中的问题及时反馈的目的。

6.4.4　借助医学监测工具,解决教学中评价的问题

　　这些全新的教学方法都是一种有益的尝试。但哪种方法最优? 有没有适用的前提条件? 是否适合 00 后的大学生? 对于航发人才培养是否适用? 想要回答上述问题,最好有一个量化的指标。

　　罗比特·斯莱文的《教育心理学(第 10 版)》认为,学生的生理指标将随其对教学活动的关注程度而变化[56]。这一观点应该能和近几年引起广泛关注的积极心理学观点一致。处于"心流"学习状态的学生,其生理指标一定不同于平常。若此时,通过穿戴设备对学生基本生理指标进行记录,并开展事后分析,统计数据和分析结果将为量化评价教学活动提供科学的依据。

6.4.5　以评促教,以考促学,尝试从"知识型"向"素质型"人才培养过渡

　　成绩评定,既是课程结果,也是课程建设的过程。目标是最大限度地激发学生的创造力,扩大课程影响,吸引下一届学生选修,促进课程的良性发展。考试成绩包括个人成绩、团队成绩和实践项目成绩。不断加强过程考核和实践项目成绩的比重,加强主观创造性题目的设计。针对主观题目的量化评价问题,提出"复均匀分布模型"成绩评定方法,给出量化考核的公式。所得到的结论已发表,能够推广应用到"高挑战度课程"。实践项目遵循"分组完成,独立考核"的原则。着意培养学生的领导能力、团队意识和合作精神。

　　在新形势下,我国经济发展水平的不断提升,科技更新换代的速度也在不断加快,这需要学生具有更全面的能力与更高的素质,以适应千变万化的社会。这也要求高校必须建立一个多样化的"素质化"教育模式。"素质化"教育要想适应社会发展,进而促进社会发展、坚持科教兴国战略,实现培养素质人才的目标,就必须"以评促教、以考促学"对课程设计、教学内容、教师团队和教学方法等方面进行改革,并与社会各工作单位、企业合作,以满足社会多方面的人才需求。

素质型人才的主要特征是基础扎实、知识面广、德才兼备、应用能力强,更要具有一定的创新意识,懂得将知识融会贯通解决实际问题。培养素质型人才,就要打破原本僵化的教育思想和教育做法,运用人工智能技术,搭建各个领域技术之间的桥梁,使学生能够在不同专业或学科领域内汲取知识和学习技能,并能良好地运用不同学科的思维方法去分析问题和解决问题,将所学知识向实践转换。

6.5 应用篇

6.5.1 学生说

学习正如能量积累与量子跃迁,是一个积累的过程。当能量积累到一定程度时,就可以被激发产生跃迁,就如知识的积累,到达一定程度时,转换成为学生自身的能力,遇到具体问题时则被激发潜能,顺利解决问题,脑海里的理论就跃迁成了实践能力。

如果没有积累,只是在问题或测验到来时进行突击准备,就无法形成自身的能力。

对于航空发动机专业的学生来说,形成解决实际问题的辩证思维尤为重要,积累实践中的经验也十分重要,由突击获得的短时记忆就显得无用,只是在自欺欺人。

同时,高新技术具有幂次增长型的放大作用,一个新事物出现初期可能十分不起眼,但其发展潜力巨大,很快就会占领高地,进而变得与大家的生活息息相关。

高校要善于运用正在幂次增长的人工智能技术,紧跟信息化时代的步伐,搭乘时代的快车,打造自主学习云平台,整合行业专家资源,调动学生积极性,给学生一个多姿多彩的课堂。同时借助收集到的数据进行课堂教学评价,老师可以根据更公正、更具量化特点的指标进行教学计划、教学进度的调整。

高新技术发展占优的情况下,学生应该接触更多如:编写代码、仿真计算、数据分析、三维建模、智能机械操作等新工科科学技术。

云技术以网络技术为基础,提供远程教学课堂开展的可能,让学生能够更顺利地感受实践工作环境,在特殊情况下仍然可以顺利学习。

"5 维度的人才培养数字空间"建设,完整阐述了信息时代的新形势下,高校适应该形势的具体措施。

课堂教学需要优化,教学课堂的评价也要跟上步伐。上文中提到,传统的教学主观性太强,过度依赖专家,基本无法做到量化。可以引入人工智能算法、人脸识别等技术,实现教学评价的大数据过渡。

学生需要个性化的教学计划,高校可以通过大数据分析所得的各项结果,定制学生的个人学习总结报告,找到学生的学习特点、兴趣爱好,最后得到学生在学习过程中的学习规律与行为习惯,呈现出一目了然的学生状态信息,跟踪课堂教育效果。

6.5.2 教师说

通过本章的学习可以知道,一个人眼界的开阔、专业水平的提高、能力的增长、良好生活学习习惯的养成、科研成果的取得,都是一个持续努力、逐步积累的过程,是"每天进步一点点"的总和,只有经过积累才能最终走向成功的彼岸。而每一个重大的成就,都是由一系列小成绩累积而成。每一个伟大的成就,都离不开长时间的、一点一滴的努力与进步,以及对自身发展执着的追求。

学习本身就是一种长久知识的积累,知识积累本身就是一个枯燥的过程,很少有快乐的时候。任何成功背后都是不断地努力和付出。有句话说得好:世上没有一蹴而就的成功,只有日积月累的坚持。在这个过程中,要经历很多困难,要付出很多汗水,才能收获到甘甜的果实,实现人生最终的"能量跃迁"。

传统课堂评价中,各高校的教师,以及教学管理者,由于无法及时掌握学生课堂反应情况、课程与管理综合反馈,难以对教学质量进行更灵活地动态监管。随着大数据时代的到来,利用大数据优化评价体系,对课堂教学效果大数据进行深入挖掘和具体分析,将所有课堂数据结果融入课堂的日常管理服务与教学计划制定之中,为广大师生提供个性化、智能化、自动化的评价服务。

除此以外,大数据深入挖掘技术,使课程学习计划的制定有指向性地围绕着学生特点展开,使学习变得更加精准化,进而实现教师对学生的因材施教。

在如今信息爆炸的时代,要想从奔涌而瞬息万变的信息长河中脱颖而出,就需要培养自己的亮点、特点。因此,学生的学习需要创新,第 7 章将揭示创新的一般性规律,学生应该如何创新,创新应该指向怎样的方向。

第7章

创新素质培养

——技术迁移与最优路径

进入中国特色社会主义新时代,发展是第一要务,人才是第一资源,创新是第一动力,学生应该深刻理解什么是创新,在明确"往什么方向努力"的前提下,寻找科研乃至人生的突破。

创新理念是指企业或个人打破常规,突破现状,敢为人先,敢于挑战未来,打破思维定势,谋求新境界。任何发明创造背后都是有驱动的,这个驱动包括兴趣驱动、竞争驱动、技术驱动、需求驱动。

兴趣驱动创新,表现为个人对某个新鲜事物的痴迷和执着。有了兴趣,可以克服万难;有了兴趣,可以持之以恒;有了兴趣,可以坚持不懈。近几年,农民造飞机、工人制潜艇、学生设计无人机的故事屡见不鲜。这是最基本的驱动条件。

竞争驱动创新,典型示例是团体/国家之间的技术优势对比。所谓的假想敌对国家,他们研制飞机,对方就研制导弹;他们建造潜艇,对方就需要发展反潜技术。这种竞争驱动是很无奈的内卷,造成双方疲于对抗。但不可否认的是,竞争驱动对于创新的促进作用却十分显著。最典型的案例是,两次世界大战是武器装备技术发展最为迅速的一段时期。竞争和合作是人类永恒的话题。

技术驱动创新,随着人类科技水平的迅速提高,新技术/新学科不断涌现,出现的频率越来越快。同时,一些专业开始消失,行业会在 15~20 年洗牌一次。创新的前提是对现状的不满足,同时,创新是建立在对市场规律和本行业发展前景正确把握的基础上。

需求驱动创新,是创新的灵魂。在创新人才培养要求下,创新能力培养对学生专业素养提出新要求。

(1)新知识的不断学习和思考。例如:人工智能、虚拟现实必将改变世界。人类只有积极接纳新技术才能不被时代抛弃。我们需要顺应时代,积极面对。

(2)学习理念的变化。知识是确定的、一成不变的;灵感是可以在知识点之间挖掘的。重复性、标准化、指令性的工作会被人工智能取代。

(3)无论对于哪个学习阶段的学生来说,知识穿插和科学观的培养都是非常重要的。

(4)努力寻求安全感。社会发展,行业巨变。积极面是有无限可能,消极面是不确定性增加。学生很容易陷入焦虑,需要关注、关心和关怀。在学习和工作中,学生既要关心自己,也应该关心他人,融入良好的人际关系氛围中去。

（5）培养社会责任感。社会分工越来越细,每个人的角色都不可或缺,责任感是生存之道。即便自由职业,也应有强烈的职业责任感,这一点需要从学生时代就开始培养。

在校生创新能力培养的抓手是创新创业大赛、创新科研训练。

7.1 创新模型

由本书前文分析的现代社会形势可以看出,创新能力是考核人综合素质的重要标准,当今社会以鼓励创新为主力导向,那么,创新有原则吗？创新有范式吗？

事实上,不少人基于此问题开展研究。其中比较著名的有苏联阿奇舒勒提出的 TRIZ 理论[57]。TRIZ 的俄文拼写为 теории решения изобрет-ательских задач,俄语缩写"ТРИЗ",翻译为"发明问题解决理论";译成拉丁文为 teoriya resheniya izobreatatelskikh zadatch,缩写就是 TRIZ,中文译作"萃智";其英文全称是 theory of the solution of inventive problems,缩写为 TSIP,其释义为发明问题的解决理论。

1946 年,阿奇舒勒开始了发明问题解决理论的研究工作。当时阿奇舒勒在苏联里海海军的专利局工作,他发现任何领域的产品改进、技术的变革、创新和生物系统一样,都存在产生、生长、成熟、衰老、灭亡,其技术发展总是遵循着一定的客观规律[58]。所以,将已有的知识进行提炼重组,就可以指导后来的发明创造、创新和开发,就可以能动地进行产品设计并预测产品的未来发展趋势。通过研究发现,产品和技术的发展遵循以下规律。

阿奇舒勒及后来的研究者在大量分析专利信息后,发现技术系统性能的提升过程不是无限持续的,而是随着时间的推移呈现出字母 S 的形状,这样的整体规律被称为技术系统进化的 S 模型。S 模型将技术创新分成四个阶段,分别是：婴儿期、成长期、成熟期和衰退期。图 7-1 给出了技术创新模型。

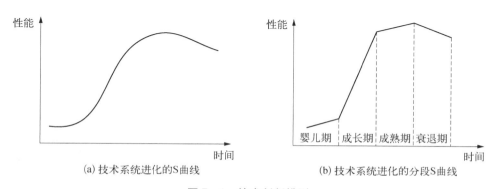

图 7-1 技术创新模型

实际上,在动力机械运行的过程中,总是或多或少地存在工况调整和状态控制。常把这样的一簇曲线称为"工作特性曲线"。在这一簇曲线上寻找最合适的点,把它们连起来,所获得的路径正是控制曲线,如图7-2、图7-3所示。图7-2给出了风力发电机组气动效率系数随变桨角的变化;图7-3给出了最优控制的控制率变化曲线。

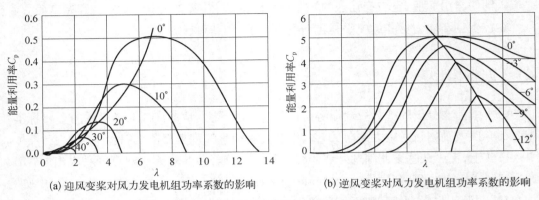

(a) 迎风变桨对风力发电机组功率系数的影响   (b) 逆风变桨对风力发电机组功率系数的影响

图7-2 风力发电机组气动效率系数随变桨角的变化

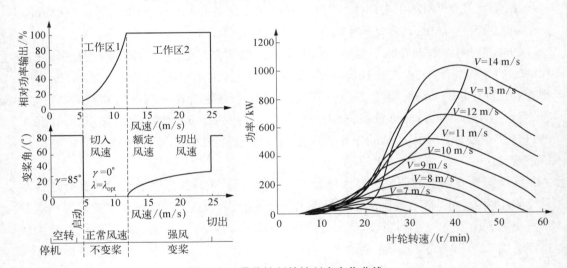

图7-3 最优控制的控制率变化曲线

借助获得"最优控制的路径规划"方法,我们可以揭示出一些创新的规律。

【最优控制】
　　最优控制是指在给定的约束条件下,寻求一个控制,使给定的系统性能指标达到极大值(或极小值)。它反映了系统有序结构向更高水平发展的必然要求。它属于最优化的范畴,与最优化有着共同的性质和理论基础。对于给定初始状态的系统,如果控制因素是时间的函数,没有系统状态反馈,称为开环最优控制;如果控制信号为系统状态及系统参数或其环境的函数,称为自适应控制。

——《最优化方法》

最优控制曲线广泛应用于航空航天领域,例如:确定一个最优控制方式,可以使空间飞行器由一个轨道转换到另一轨道过程中燃料消耗最少。最优控制理论是 20 世纪 50 年代中期在空间技术的推动下开始形成和发展起来的。目前,最优控制已被应用于综合和设计最高效系统、最省燃料控制系统、最小能耗控制系统及线性调节器等。

由此可见,掌握一定的创新方法后,可以找到最便捷、耗能最小的方式实现自身的突破。

7.2　积累是创新的基础

积累是创新的基础,从 0 到 1 的创造毕竟是少数,更多的是从 0.5 到 0.8。

大多数的创新应该是逐步递进的,技术逐步满足需求。表 7 - 1 列出了创新技术等级。

表 7 - 1　创新技术等级

发明等级	占比	描　述　与　案　例
一级发明: 合理化建议	35%	解决方案明显,属于常规的设计问题或技术系统的简单改进,通过个人、本领域的专业知识即可解决。例如,将杯子做成双层玻璃,增加隔热效果,防止热水烫手
二级发明: 适度新型创新	45%	对技术系统的局部进行改进,运用单一技术领域知识即可解决,常常使用折中的思想来降低技术系统中有害功能的危害性,缓解矛盾,提高技术系统性能。如电风扇的外罩,过密会影响风扇效果,过稀起不到保护作用,于是采用折中的方法,改成弧形,同时调整外罩网丝的密度
三级发明: 专利	16%	对技术系统进行了本质性的改变,极大地提升系统性能。运用不同领域的知识,来解决技术系统中的矛盾。例如,将传统的活塞发动机改进为喷气式发动机
四级发明: 综合性重要专利	3%	运用跨学科的知识,引入完全不同的体系和新的工作原理完成技术系统的主要功能,全面升级了现有的技术系统。例如,空调扇的发明,改变电扇的工作原理,升级了改变空气流动和降温的技术系统
五级发明: 新发现	1%	通过新的科学发现或新的理论来建立全新的技术系统,需要整个人类的知识领域。例如,空调的发明全面革新了空气流动和降温原理

关于积累是创新的基础,有这样一个例子:瓷器是中国独有的艺术品,也是人类历史上的一个艺术创新,可为什么只有中国人能实现这个创新呢? 我们不妨从与之相近的青铜和冶铁技术在中国的蓬勃发展得出这个问题的结论。其实,青铜和冶铁技术并非中国首创,但这两项技术从外国引进中国以后,便成了官营,也就是进行了官方垄断。

官方垄断该项技术的好处是,为了满足某个需求,可以马上有大量的资金源源不断地投入技术改造,这样一来技术进步的速度就变得很快。因此,青铜、冶铁的技术虽然不是诞生于中国,但这些技术在中国却得到飞速的进步,进而最终独步全球、领先世界。瓷器在中国的发展也是同样的理由才得以被不断创新和流传下来。

曾侯乙墓中出土的精美绝伦的青铜器,能直观地体现出中国青铜技术的高超。同样,汉朝的冶铁官营也保证了汉朝的冶铁技术领先世界。这一技术的领先,主要体现在三个方面:首先是燃料,中国是全世界最早采用焦炭的国家[59],这种燃料燃烧均匀;其次是炉膛,中国人最早使用高炉;最后是风箱,这使受热更加均匀、剧烈。

简单说,由于从青铜时代开始,中国的冶炼技术主要由官方掌握,使得中国能够长期不断地投入资金,用于创新技术改造。这一技术改造的体现就是炉温的不断提高,从青铜到铸铁,再到更加精美、颜色更加绚烂的瓷器,技术进步积累而成的阶梯清晰可见。

所以,中国独有的瓷器称为创新,而这一创新来自长期的技术积累。西方之所以没有这一创新,因为他们没有前面一大段时间的技术积累。欧洲国家的炉温技术在熔铁、铸铁阶段之前就停顿了。没有积累,便没有创新,这正是欧洲中世纪的历史写照。

7.3　灵感是创新的萌芽

灵感是创新的萌芽,科学最初的起源就来自想象。在航空航天领域,灵感是科技发展重要的推动力。

生活中看到飞鸟、蝴蝶自由自在地飞翔,白天时注视白云、夜晚时仰望星空,都会让人类产生飞行的梦想。早在中国古代,中国人就将这种对于飞行的想象融入科学技术中,并对于千百年后的世界航空航天技术发展具有重要的启发作用。

中国古人发明的风筝、竹蜻蜓、孔明灯、火箭、走马灯被誉为中国的五大航空发明,如今这五大航空发明还经常出现在生活中。

相传春秋战国时期的墨子就以木头制成木鸟,研制三年而成,这是人类最早的风筝起源。后来鲁班用竹子改进了墨子的风筝材质,进而发展成为今日的风筝。

公元前 500 年,中国就已经制成了会飞的竹蜻蜓。玩竹蜻蜓时,只要轻轻用手搓动竹柄并松手就可以让它飞上蓝天。这旋转的竹蜻蜓揭示了直升机旋翼产生升力的基本原理:旋翼可以产生足够的升力,使得旋翼航空器飞上蓝天。

孔明灯相传由三国时的诸葛亮发明。孔明灯揭示了热气球的飞行原理,即通过加热使其内部空气密度变小,从而产生一定的浮力。热气球也是最早投入使用的航空器。

秦汉时期,中国人发明了火药。唐末宋初时,我国就出现了最早的实用火箭。火箭是一种靠燃气所产生的反推力作用而工作的飞行器。古代火箭使用固体火药来产生高速向后喷射的燃气,用以推动火箭向反方向运动。现代火箭的理论基础同古代火箭原理是一样的。

早在公元 1000 年左右,中国人发明了走马灯,成为中国传统的玩具之一。走马灯上有平放的叶轮,下有燃烛。在走马灯内点上蜡烛,使空气加热并向上流动,上升的热气使叶轮旋转,从而带动轮轴转动。轮轴上有剪纸,烛光将剪纸的影像投射在屏上,图像便开始不断走动,仿佛万马奔腾。走马灯这样一个再普通不过的玩具,其实揭示了现代燃气涡轮工作原理:上升的热气可以使叶轮旋转。这些生活中的灵感的确启发了科技的发展。

所以新时代动力与能源专业的学生,应该重视自己灵感的捕抓,并有创新意识与灵感转换意识,抓住生活中每一道灵感闪光。

另一个由灵感萌生而促进伟大科技进步的例子是相对论的诞生。在发现问题后继续向下求索,抓住极具颠覆性的思维大胆尝试,也许就能迎来柳暗花明。

【相对论】

分为狭义相对论与广义相对论。在狭义相对论中,有两个假设,相对性原理(假设一):所有惯性参考系的物理定律都是相同的。光速恒定原理(假设二):光总是以一定的速度 c 通过真空传播,该速度 c 与发光体的运动状态无关。在广义相对论中有两个原理,等效原理(原理一):惯性力场与引力场的动力学效应是局部不可分辨的。广义相对性原理(原理二):所有的物理定律在任何参考系中都取相同的形式。

——《中国大百科全书》

在爱因斯坦提出相对论之前,牛顿的经典力学和绝对时空观统治着整个物理学界,当时的物理学家对绝对时空观深信不疑,绝对时空观也符合人们对日常的认知。

绝对时空观指:时间和空间是绝对的,任何人的时间流逝速度都是一样的。同时,任何速度都是可以叠加的,任何事物的运动速度都是相对的,即都需要参照物,例如,通常所说的速度都是默认地球为参照物。

爱因斯坦在对麦克斯韦方程组推导的过程中发现:光在真空中的速度是恒定的,只与真空的磁导率和介电常数有关,它不会根据参考系的改变而改变。

根据麦克斯韦方程推导电磁波速度[60]:

$$c = \frac{1}{\sqrt{\varepsilon_0 \mu_0}} \tag{7-1}$$

其中,ε_0 为真空中的介电常数;μ_0 为真空磁导率。

这显然与牛顿的绝对时空观矛盾,绝对时空观强调速度是可以叠加的,但麦克斯韦方程组表明,光速不需要叠加,或者说光速与任何其他速度叠加之后仍旧是光速。

在这样的推导结果下,爱因斯坦那具有颠覆性思维的大脑提出了光速不变原理。他认为:既然光速不需要参照系,就意味着光速在任何参照系或者任何运动形式下都保持不变。

再加上之后的相对性原理(在惯性参照系下,物理定律等价),狭义相对论便呼之欲出。

从爱因斯坦提出相对论的故事中也可以看到,灵感的出现并不是偶然的、不是突发性的。在灵感迸发之前,需要很大程度的知识积累。如果没有任何学习积累而只顾空想,再活跃的灵感也只是空中楼阁。同时,按照固定的思维方式考虑问题,往往容易使思想僵化。抓住灵感要求学生学会换一个角度考虑问题,从而摆脱习惯思维的束缚。

7.4　需求是检验创新的唯一标准

7.4.1　创新标准应该契合国家重大战略需求、社会需求和行业需求

创新驱动是世界大势所趋。进入信息时代,全球新一轮科技革命、产业变革加速演变,科学探索从微观到宏观各个尺度上向纵深拓展,以智能、绿色、自动化为特征的群体性技术革命将引发国际产业分工重大调整,颠覆性技术不断涌现,正在成为衡量国家力量的重要因素,所以,创新驱动一跃成为许多国家谋求竞争优势的核心战略。

我国既面临赶超跨越的难得的历史机遇,也面临差距拉大的严峻挑战。只有努力创新才能赢得发展主动权,为人类文明进步做出更大贡献。

创新要符合国家重大战略需求、社会需求和行业需求,才是好的创新,才能为国家做出更大的贡献。

例如:加紧发展新一代信息网络技术,可以为我国经济转型升级,并维护国家网络安全,实现信息化弯道超车做出重大贡献;发展绿色安全高效的新能源技术,扶持新能源汽车技术向前稳健迈步,推动能源应用向清洁、低碳转型,实现经济绿色发展,走向未来碳中和;发展航空科技,保卫祖国蓝天安全,追赶发达国家,维护自身利益,并进一步推进军民科技融合以及军民技术双向转化,让高新技术不仅保卫国家,还能方便人民日常生活……

如今,中国的各个行业都需要创新,整个社会需要在创新的驱动下大踏步前进,可以看到,我国许多产业领域仍处于全球价值链的中低端,一些关键核心技术仍然处于被垄断的状态,无法掌握科技核心,发达国家由于研究起步较早,在某些科学前沿领域仍然占有明显领先优势,我国引领未来发展的关键科学技术储备,仍然有巨大的加强空间。我国的创新体系整体效能不高,经济发展尚未完全转型,真正进入创新轨道,同时,我国还面临高新科技人才队伍大而不强,创新领军人才缺乏,创新型企业数量多而不大等问题,这需要新一代青年的不懈努力,高校教育计划应把握未来发展方向,弥补国家的人才、技术空缺。

7.4.2　"从 0 到 1"是奇思妙想,不是天马行空

"从 0 到 1",为我国科学技术发展指明方向,更是对科技工作者提出了新的要求。

但"从 0 到 1"绝非易事,它需要一定的知识基础,去探索去研究,而不是天马行空,做不切实际不符合规律的想象。从 0 到 1 的过程总是艰辛的,需要大量的学习,才能激发出

奇思妙想,正所谓厚积薄发[61]。

若学生顺利经历从 0 到 1 的阶段,往往接下来的研究道路会变得顺利得多,学生会开始发现,顺利从 0 起步之后,再坚持下去就没有这么难了。这就代表创新研究已经进入到下一个阶段,事情进展变得顺利得多。越来越多人看到事物发展的前景以后,便开始不断有人加入团队中,前来提供帮助。新鲜血液的加入,带来新的思路,容易形成多学科交叉的环境。

7.5　多学科交叉助力创新

多学科交叉融合通过将不同学科领域的知识、方法和思维方式相互结合,创造了新的思维模式和创新解决方案。不同学科领域的专业知识和方法论会给问题提供不同的视角。通过将这些不同视角相互交叉融合,可以获得更全面、深入的理解,从而为创新提供更多的可能性。多学科交叉融合可以打破学科之间的界限,激发创新思维。不同学科领域的知识和思维方式相互交织,可以激发跳跃式思维和创造性思维,从而产生新的创新想法和解决方案。现实世界中的问题往往是复杂的,涉及多个学科领域。通过多学科交叉融合,可以将不同学科的专业知识和方法有机地结合起来,提供更全面、综合的解决方案,更好地应对复杂问题。

本节将生物学中的遗传基因与发动机故障机理相结合,形成航空发动机故障基因库,借此说明多学科交叉助力创新的思路。

传统的航空发动机转子设计思路在计算过程中完全不考虑制造、装配和运行过程中产生的偏差。若原型机频繁出现振动超标,再对转子-支承系统进行调整和修改。而故障基因库设计方法将故障力对转子振动的影响考虑在设计过程中,根据故障基因表达式有针对性地调整动力学设计结果,为转子动力学特性优化指明了方向。避免了传统方法反复调整的过程,缩短了转子系统的研制周期,同时节约了研制成本。

故障基因库本质上是一种关系型数据库,每个结构单元建立实体-关系(entity-relationship,E - R)模型,每个表(table)描述这个结构单元的振动特性,其中不同的域(field)记录归一化后的幅值-时间关系、幅值-转速关系、频率-时间关系、频率-转速关系。通过这样的数据-网络结构,完成发动机"振动特性的多非态"特性的数字化存储,同时为专家系统和人工智能融合奠定基础。

故障基因设计思路如下。

步骤 1,确定航空发动机转子的初始结构。

步骤 2,确定转子-支承系统的临界转速和振型:根据步骤 1 中确定的航空发动机转子的初步设计参数,通过传递矩阵法计算转子初始结构的临界转速和振型。

步骤 3,确定转子-支承系统的故障基因库:所述的转子-支承系统的潜在故障包括不平衡故障和不对中故障。因此,建立的故障基因库包含两条故障基因。每一条故障基因反映转子特征及故障信息,包括部件信息、转子信息、基因片段、故障表象、基因规律和遗传因子,其形式为:故障基因名称=<部件信息><转子信息><基因片段><故障表象><基因规律><遗传因子>;符号" < >"是所述转子特征及故障信息的具体内容,并且各" < >"之间是平行关系。故障基因片段的内涵如表 7－2 所示。

表 7－2　故障基因的内涵

故障模式	潜在故障模式	转子不对中故障
部件信息	产生该问题的主要载体	联轴器
结构信息	转子初始结构中不可改变的物理因素	转子质量 m;转子轴长度 l; 支承刚度 s;转速 Ω
基因参数	转子初始结构中可进行优化调整的结构参数	支承跨距 l_1; 支承至联轴器距离 l_2
故障特征	故障在实际振动中具体所表现出的故障特征	振动二倍频占优
故障表象	损失风险、先验概率、趋势模型	基于历史数据拟合
基因规律	所建立的故障表象与故障程度之间的关系	$A_3 = \mid C_3 h \mid$
遗传因子	故障表象对结构参数之间的敏感度	$C_3 = \dfrac{3EI(1/2 + l_2/l_1)}{ml^3 \sqrt{[\omega^2 - (2\Omega)^2]^2 + (2D)^2(2\Omega\omega)^2}}$

步骤 4,确定转子-支承系统的显性故障基因:提出转子-支承系统的故障基因显性/隐性表现的划分原则,即以故障发生率、故障关联程度为划分标准。通过转子系统的典型故障机理分析,将故障发生率高、易诱导其他类型故障发生的故障类型列为显性故障。

步骤 5,确定显性故障基因的结构参数敏感度:从步骤 3 确定的故障基因库中筛选出显性故障基因。对该显性故障基因的遗传因子通过数学方法进行分析,得到转子结构参数对振动的影响规律,从而确定显性故障基因对结构参数的敏感程度。

步骤 6,确定降低故障风险的结构优化方案:所述确定降低故障风险的结构优化方案是通过估算显性故障特征倍频幅值,根据遗传因子对敏感度高的结构参数进行优化,以降低显性故障特征倍频对振动幅值的影响。具体过程是:使用转子初始结构参数,代入遗传因子估算显性故障的特征倍频幅值,根据遗传因子对转子初始结构进行优化,调整转子结构参数,再次计算转子的临界转速。根据默认设计准则,转子结构调整导致的临界转速变化不应超过 5%,否则需要重新进行动力学设计。

基于发动机结构和性能,借助故障模式、影响和危害性分析(failure mode, effects and criticality analysis, FMECA)工具,通过典型故障机理分析,将故障发生率高、易诱导其他类型故障发生的故障类型列为显性故障。表 7－3 列出了某单转子发动机的显性故障基因库。

表 7-3 某单转子发动机的显性故障基因库

基因参数	部件信息	转子信息	故障表象	基因规律	遗传因子	故障类型
ε	旋转结构	转子质量 m;转子轴长度 l;支承刚度 s;转速 Ω	$1X$	$A_1 = \lvert C_1 \varepsilon \rvert$	$C_1 = \dfrac{\Omega^2}{\sqrt{(\omega_n^2 - \Omega^2)^2 + (2\omega_n \Omega D)^2}}$	不平衡故障
φ_c,φ_t	旋转结构	转子质量 m;转子轴长度 l;支承刚度 s;转速 Ω	$1X$	$A_2 = \lvert Q\cos(2C_2) \rvert$	$C_2 = \lvert \varphi_c - \varphi_t \rvert$	组合不平衡故障
l_1,l_2	联轴器	转子质量 m;支承刚度 s;转速 Ω	$2X$	$A_3 = \lvert C_3 h \rvert$	$C_3 = \dfrac{3EI(1/2 + l_2/l_1)}{ml^3 \sqrt{[\omega_n^2 - (2\Omega)^2]^2 + (2D)^2(2\Omega\omega_n)^2}}$	不对中故障
ΔT,γ, L,d	转轴	转子质量 m;支承刚度 s;转速 Ω	$1X$	$A_4 = \lvert C_4 \Delta T \rvert$	$C_4 = \dfrac{\gamma l^2}{8d(1 - \lambda^2)}$	热弯曲故障

将发动机所有潜在故障所形成的故障基因片段整合,就形成了发动机整机故障基因库。通过故障基因库将发动机实体与发动机数字孪生体联系起来。故障基因库是面向发动机故障的一种有益尝试。以发动机的结构、运行和监测特点为基础,建立发动机常发故障动力学模型,剖析故障激励作用下力-变形-运动的交互变化关系,表征为典型结构的故障基因。故障基因反映故障信息,以便于积累和提炼发动机故障诊断规则的数字化特征。

基于振动的发动机健康管理,难度来源于故障模式、故障特征和故障数据的非稳定、非协调、非定常、非正态和非显性特性,故障和特征之间难以建立简单的映射关系。而上述"多非态"问题源自发动机的结构、运行和监测特点,给故障诊断与健康管理提出了新的挑战。

因而,面向"多非态"故障,以"均匀态"故障特性为研究对象,提取<故障特征><损失风险><先验概率><趋势模型><遗传因子>的基因片段。以故障基因为表征载体和信息驱动,通过有限个"均匀态"的健康指标统计获得故障概率,进而建立全寿命、全工况、多测点的故障基因库,评估发动机整机运行状态。从而揭示故障机理与特征表征之间的本质规律,建立多非态故障的提取、诊断、预测和评估方法,服务于未来航空器可靠性与运维需求。

基于多学科融合进行创新是一种将不同学科领域的知识和方法相互交叉、融合,以产生新的创新解决方案的方法,其创新思路与步骤如下。

首先,明确创新的目标和需求。了解所面临的问题或挑战,并确定需要解决的核心问题。这将为多学科融合提供一个明确的方向和目标。

其次,整合不同学科的知识和方法。将不同学科领域的知识和方法进行整合,以产生新的创新解决方案。通过跨学科的思维和方法,将不同学科的概念、理论和技术进行融合,创造出新的理论模型、方法和工具。

再次,将多学科融合的创新解决方案转化为实际的实践和应用。进行实验、测试和验证,评估创新解决方案的效果和可行性。同时,不断进行改进和优化,以适应实际应用的需求。

最后,多学科融合是一个不断演化和发展的过程。团队成员需要不断学习和更新自己的知识和技能,跟进学科领域的最新进展和发展。通过持续学习和更新,可以不断提升创新能力和水平。

7.6　应用篇

7.6.1　学生说

创新的本质其实是优胜劣汰。事实证明,不自主创新的东西往往经不住时间的冲刷,就被遗落在历史的长河中,不学会创新,无法紧跟时代的步伐。随着时间的流逝,一切都在发生着变化,不仅要在灵感中寻找创新的源泉,还要在实践中完成知识的积累,寻找到创新的最优路线。

行业如果没有创新,我们的航空航天产业必然会在世界的浪潮中被淘汰,无法实现技术的突破。个人没有创新,无法在残酷的竞争中脱颖而出。所以,学会创新,是竞争的必备条件。没有创新意识,就算曾经辉煌过、灿烂过,但是逐渐走向衰亡也是必然的。

抓住灵感也是成就自己的必要条件,灵感的到来是无时无刻不存在的,如果让它白白溜走,就太浪费了。中国古代出现的航空器雏形未能转换成真正的科技成果,反倒让外国的科技工作者得到了借鉴,这便是没有抓住灵感所得到的教训。除此以外,学生也应该注重知识积累,没有知识基础的灵感只能称为空想。

光有创新的理论、空喊口号也是远远不够的。理论来源于实践,理论最终要应用于实践,实践对于学生来说是十分重要的。在掌握了创造性思维和创新技法的基础上,提高自身的动手能力,积极投身到实践当中,才能很好地把脑海中的创新意识发挥到极致,才不会让创新思维白白浪费。在实践过程中,学生也能清楚地认识到自己的创新成果是否合理。

7.6.2　教师说

灵感不是随便就能获得的,在灵感出现之前,需要有长期的准备,捕捉灵感的最基本条件是:对要解决的问题进行长期的思考和艰苦的探索,从中获得经验的积累,既包括成功的经验,也包括失败的经验。

只有经过经验的积累,才能在纷繁的世界中找到属于自己的"最优控制"路线。

创新意识和创新能力是大学生素质教育的核心,创新意识和创新能力是人的综合能力的外在表现,它是以深厚的文化底蕴、个性化的思想和崇高的精神境界为基础的。创新意识又是进行创新活动的出发点和内在动力,是学习者主动发现问题、积极探求解决问题的思路、方法,从而充分发挥自己的潜能的一种心理取向,与此同时,知识和技能是创新必不可少的条件。

创新是不分年龄不分等级的,在现代社会中人人都要重视创新,人人都要参与创新,人人都需要拓展自己的创新思维,为自己和行业的创新能力的提高奠定基础。只有这样,才能激发中华民族无限潜能,才能使科学创造更加活跃,才能够运用先进技术去发明和改造,获得行业科技的飞跃与发展。

得到创新成果以后,需要用实践检验其可行性。常言道"实践得真知",学习、工作的实践是检验创新成果的标准。

了解到如何在竞争中实现创新之后,第 8 章将讲述学生的职业生涯规划,帮助学生在现代社会残酷的竞争中找到方向。

第8章

人生规划与职业分析

—— 基于陀螺力矩推导的人生规划方法

根据前文的分析,最后进行学生未来职业规划,学生学习的终极目标是立足社会,在岗位上发光发热,为国家做出贡献。对学生来说,完整、认真、适当的未来职业规划,是终生成长的指引牌。

在"大众创业,万众创新"的新时代背景下,大学生职业规划工作又有了新的历史使命。大学生职业规划研究源自美国[62-64],在中国已经经历了两次快速发展。第一次发生在20世纪90年代,为了快速建立起与社会主义市场经济相适应的高校招生和毕业生就业的新机制,根据《中国教育改革和发展纲要》精神,国家教委要求高等学校必须积极推进招生和毕业生就业制度改革,逐步实行学生缴纳部分费用上学,大多数毕业生自主择业的制度[65]。随着大学毕业生分配制度逐步退出历史舞台,我国开始了大学生职业规划的研究工作。第二次大发展则发生在21世纪最初的10年间,高等教育从精英教育转向普及教育,作为高校扩招的产物,就业压力使得毕业生深感困惑,职业规划成为大学生亟待补习的课程。当前,随着"双创"的深入开展,当代大学生必将成为时代的弄潮儿,在更宽广的行业领域内探索,不再局限于本专业和本领域。大学生职业规划研究将注入新的时代特点。

尽管经历了两次大发展,但是我国大学生职业规划依然存在一些问题。例如,在很多情况下,将职业规划等同于就业指导,专业直接决定了行业,问卷调查成为单一的研究方法,就业率成为最终的评价标准。几乎没有适合我国国情的职业规划模型,系统的理论研究相对薄弱。再如,义务的职业规划手段单一,往往以高校辅导员的说教教育为主,很难引导学生从社会科学和自然科学的辩证统一层面,理解和认识大学生职业规划的重要意义。从100名("985"高校)工科大学生问卷调查中统计得到的数据可知:有56%的"一流学科(2017年)"三年级大学生仍未建立职业生涯规划的意识;有68%的学生不知道什么样的职业规划是适合自己的;有92%的学生不清楚职业规划包含的要素。如何帮助学生尽早建立职业生涯规划的意识?如何促进更多优秀学生扎根西部?如何培养越来越多的优秀人才服务于"一带一路"?

即使目前各大高校已经开设大学生职业生涯规划相关课程,但由于课程落实不到位、课程形式单一、课下无相关实践以及学校不够重视等问题,学生的职业生涯规划仍是薄弱点。

　　针对上述问题,本书提出了"大学生职业生涯规划"模型,分析了影响大学生职业生涯规划的因素,利用运动学方程及能量守恒定理解释了不同因素对职业生涯规划的影响规律,得到了指导性的结论,有助于激发学生深入思考,认真规划,量身定制职业生涯规划。

8.1　大学生职业生涯规划模型

　　本章提出的大学生职业生涯规划模型包括外部条件、自身特点以及市场需求三个层面。根据各层面之间的相互关系,建立的大学生职业生涯规划"倒圆锥模型",如图 8 - 1 所示。

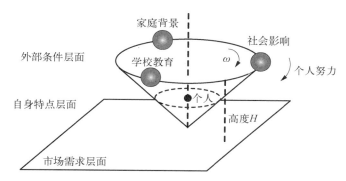

图 8 - 1　大学生职业生涯规划的"倒圆锥模型"

　　在倒圆锥的锥底上,均匀地分布着家庭背景、学校教育和社会影响等重要条件,这是模型的外部条件层面。个人因素则处于圆锥的重心位置,该平面是自身特点层面,整个圆锥立于市场需求平面上。从几何学结论可知,个人因素(圆锥的重心)距离市场需求平面的高度是 $3H/4$。当重心离所立平面越远时,整个圆锥就越容易倾倒。这样的规律对应到模型中的含义是:自身特点距离市场需求越远,倒圆锥的倾倒势能越大,系统越不稳定。换句话说,没有市场需求平面,就谈不上职业规划。任何脱离市场需求的职业规划都是无根之木,无本之源。由此可见,大学生的自身特点距离市场需求越近越好,只有靠近了市场需求,才能保证自己有强大的适应能力,在竞争中稳住自己。

　　因此,学生除了要刻苦学习科研,提高自己,还要关注外界市场,把握住国家未来的发展方向,做对社会有用的人。

　　物理学知识告诉我们:倒圆锥系统若想稳定地屹立,必须不停地转动。给系统源源不断地输入能量,才能不停地运转下去,且输入的驱动力越大,运转的速度就越大。此时,个人努力是系统定轴转动的驱动力,为系统输入能量。系统动能为 $J\omega^2/2$。其中 J 为转动惯量,是系统的固有属性,对于圆锥体 J 等于 $3mr^2/10$;ω 为系统旋转角速度。可以看出,旋转得越快,系统的动能越大,能够产生的社会价值也越大。同时,由能量守恒定理 E(系统动能)= e_{Input}(驱动能量输入)可以看出,一个人能够产生的社会价值大小取决于个人努力的投入,投入得越多,动能转换得越多,社会价值也就越大。

上述分析均建立在圆锥系统对称的理想情况下,而现代社会中,往往存在着这样那样的影响因素,使得系统偏离理想状态,每个学生职业生涯规划的"倒圆锥模型"不尽相同。实际上,对于学生个体,家庭背景、学校教育和社会影响各不相同,不同方面有强有弱,造成了圆锥系统相对旋转轴线不平衡。但是,动力学理论表明,系统只有在平衡的前提下,才能平稳地运转。如果在某些方面存在缺失造成不平衡,系统将受到式(8-1)不平衡力的作用:

$$\sum \boldsymbol{F} = m_{\text{family}}\boldsymbol{\omega}^2 \angle \alpha_{\text{f}} + m_{\text{education}}\boldsymbol{\omega}^2 \angle \alpha_{\text{e}} + m_{\text{society}}\boldsymbol{\omega}^2 \angle \alpha_{\text{s}} \tag{8-1}$$

由于不平衡力方向垂直于轴线,意味着此时无论驱动能量(个人努力)多大,系统都不能维持正常的运行,很快倾倒。即学生应该多方面完善自己,不能出现某些方面的严重倾斜或严重短板,以保证系统的平衡运行。

此时,需要一种额外的外力对系统进行干涉,这种外力干涉就是对个体学生的职业规划引导。这个物理模型充分说明了大学生职业规划研究工作的重要意义。

由于每个个体大学生具体情况不同,需要结合其成长和学习经历,量身制定职业规划学习计划,具体情况具体分析[66]。为此,本章提出了利用矢量平衡分析确定个体学生职业规划方向的方法,以供各个学生制定不同的职业规划,如图 8-2 所示。通过三步找到了家庭背景、学校教育和社会影响三个因素不平衡的矢量和,矢量和的反方向即是个体学生职业规划的方向,即保证系统的受力平衡,进而保证其稳定性。通过上述工作,个体学生将构建一个平衡的倒圆锥系统,经过自身的不断努力,向系统中输入能量,维持系统的正常运转,达到在社会中稳步向前的目的。

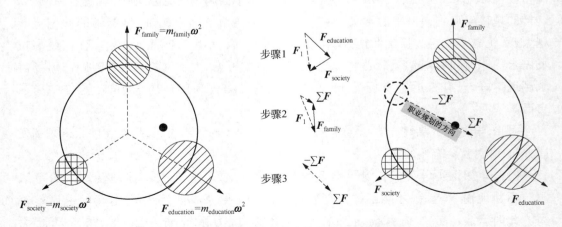

图 8-2　利用矢量平衡分析确定个体学生职业规划方向的方法

图 8 - 2 中，F_{family} 是家庭的总聚合力；m_{family} 是家庭成员的能力；ω 是家庭成员的凝聚度；$F_{society}$ 是社会的总能量；$m_{society}$ 是社会的能力；ω 是社会的团结性；$F_{education}$ 是教育的总成果；$m_{education}$ 是教育的质量；ω 是教育的方向性。

8.2　模型的平衡因素分析

为了维持大学生职业生涯规划"倒圆锥模型"的稳定运转,应该尽力维持外部条件各因素之间的平衡,做到学生个体接受全面的职业教育,并得到全面发展。本节以家庭背景、学校教育和社会影响等几个典型影响因素为例,进一步说明倒圆锥动态平衡的思想在实际工作中的应用。

8.2.1　家庭背景因素的重要性

家庭伴随人生始终,父母是子女的第一任老师。因此家庭背景因素在子女职业生涯规划中起着相当重要的作用。欧美一些发达国家对青年人的生涯规划一直持续关注,最早开设职业生涯规划课程。例如,美国设有专门的职业日,父母把孩子带到公司参观工作环境,并体验一些工作。这样可以让孩子尽早知道他们的父母从事什么样的工作,有哪些职业。等孩子再大一些,就会请专家对孩子做职业兴趣分析,通过这些引导来达到以兴趣确定职业的目标[67]。

家庭背景对子女就业影响很大,北京大学"高等教育规模扩展与毕业生就业"课题组曾在全国做高校毕业生就业状况问卷调查,结果显示:家庭背景越好,毕业的工作落实率与起薪点就越高,越容易找到好工作。父母的职业、收入水平、受教育程度、家庭和睦程度等,都能影响子女未来的职业规划。

在"倒圆锥模型"中,家庭教育是影响个人未来生涯发展,职业选择的重要因素之一,可以从以下几个方面来说明。

（1）父母社会地位的影响。对于社会地位(工作性质,经济条件)较低的家庭来说,其子女的荣誉感更强烈,较之常人更加努力、刻苦。而且,社会地位较低的父母更倾向于激励子女,通过努力奋斗,改变自己的命运。普通蓝领家庭以及农村的子女更早地了解生活的艰辛以及残酷,"穷人的孩子早当家",家庭经济条件较差的子女更容易趋于成熟,也有更清晰的职业规划,更早地制定自己未来的计划。

（2）父母受教育程度的影响。父母受教育程度和社会地位有很强的相关性,总体来说,受教育程度较高的父母其社会地位一般都相对较高。在受教育程度较高的家庭中,父母会对子女有耳濡目染的影响,使子女养成学习上的好习惯,从而更重视读书教育,便容易形成传统的书香世家。一般来说,父母受教育程度较高,其子女的受教育程度也一般相对较高。由于父母具有较高的素质,受到父母一言一行的影响,其子女的心智也会更加健康、客观,言行举止也会更加地儒雅、有涵养。父母受教育程度高,子女对未来的职业选择也相对较理智、成熟,有时候可能是继续父母的职业。

（3）父母职业的影响。父母的职业对大学生选择职业有一定的影响,会对大学生本人的求职态度产生影响。但是父母的职业不同对大学生所产生影响的结果不同。假如母亲的工作是职员,一般是遵照行为规则办事,其子女在工作中易循规蹈矩做事;假如母亲是干部,由于本身的责任心和控制力比较强,其子女的自我控制和自信都比较强。父亲的影响集中体现在价值观念和职业选择两方面,与管理学上的战略分析有关;母亲的影响集中体现在信息应用与个人调适两方面,与管理学所说的执行过程有关[68]。

在"倒圆锥模型"中,家庭背景是差异化较小,最趋于平衡的因素,所以它并不是最关键的影响因素。在一个家庭一个孩子的政策背景下,每个家庭都尽其所能,开阔孩子的视野,注重家庭教育对子女的职业生涯规划的指引。

8.2.2 学校教育因素起着至关重要的作用

一个人成长过程中,大部分时间都是在学校中度过,校园对于大学生职业生涯规划有着至关重要的影响,其影响程度高于家庭背景因素。学生接受好的、全面的学校教育,对于其未来职业规划大有益处。我国的教育历来有重视理论轻视生产的倾向,每个大学生从小就被教育要好好学习,两耳不闻窗外事,一心只读圣贤书,成绩高于一切,很少考虑社会的实际需求和人生发展的规划。由此造成了目前职业规划认识的肤浅与误区,以及盲目的外语热、考证热、考研热及出国热等。"倒圆锥模型"中学校教育一旦失衡,模型将无法维持旋转。学校中形成的学生价值观尤为重要,可以从以下几个方面阐述。

（1）学生职务的影响。在大学期间担任过学生干部的大学生比没有担任过干部的大学生所制定的职业生涯规划方案整体要好,整体方向感清晰。这归根结底来说是由于学生干部是学生群体中较为优秀的一部分[69],行动上也较为主动,思想上积极进取,学习、组织、社交能力都较强。担任过干部的学生比其他人有更多的机会参与到活动当中,久而久之,他们的各方面能力包括职业生涯规划能力得到了大的飞跃。得益于这些能力,使他们的职业生涯规划比其他人更优秀,更加清晰。

（2）所处年级的影响。年级越高的学生比年级低的学生对于未来有更清晰的认知,有更成熟的职业规划。大一的学生刚刚结束高考,刚到一个陌生的环境,还以高中的方式继续自己的大学生活。大一是一个过渡,在这一年中,学生将逐渐把心态从高中过渡到大学,这个阶段的学生会开始思考人生的意义、读大学的意义、自己的未来、怎么过大学生活,会对未来职业规划有一个朦胧的最初的认识;大二的学生开始正式融入了大学生活,是大学的转折,也是大学生活定型的一年。这一年中,学生基本会定下自己大学的基调,是做"学霸"还是要积极参加社团活动等,是大学生活中重要的一年;大三和大四,面临找工作、考研、出国等抉择,并且在专业课程上也开始涉及专业知识。在这个阶段,学生会对自己的未来进行深入的思考,也会对未来开始逐渐形成清晰的认识。这个阶段一般是最需要进行职业生涯规划的年级。

在"倒圆锥模型"中,学校教育是最专业、最有效的调节平衡,协调发展的因素,因此是最应该引起重视的因素。通过专业知识学习和社会经验积累,学校引导学生,可以形成良好的职业追求,更好地实现自己的人生价值。

8.2.3　社会影响因素不可缺少

由于社会改革开放,人民生活变得富裕,思想上也变得更加开放。社会环境的相对变化,使得大学生的价值取向发生了变化,由此导致职业规划也发生了改变。大学生现在变得越来越现实,更多考虑金钱、工作舒适度等因素。因此在选择职业的时候,功利化倾向明显,希望各方面都好,显示出一种理想化状态,缺乏艰苦创业的精神。如果遇到困难,容易退缩放弃。在就业的选择上,大学生更注重职业的经济价值,而忽视了职业的理想价值,进而出现了一些经济效益高的职业人员饱和,一些更需要情怀的职业无人问津。折射出当今社会一些浮夸、浮躁、拜金的不良风气,这使得很多人忘记初心,只一味追求利益;当他们在求职的时候,越来越倾向于规模比较大、知名且待遇较高的单位,并且大学生对薪金的要求普遍超过了现实所能提供的水平。

学生在职业选择上倾向于大城市、大公司、大机关,以及高收入、高福利、高职位。几乎没有人愿意主动到一些偏僻的地区或者基础设施不太好的乡村进行锻炼。新兴行业发展得不够成熟、基层单位太辛苦、服务业工资不高,也被求职的学生所摒弃。求职时,学生最关注的,是行业目前的薪资福利待遇,没有把行业发展空间、未来的职业发展前景以及自己的兴趣点当作重点来进行思考。这会导致一些大学生盲目就业,为了留在大城市大企业而放弃未来的大好发展机遇、放弃自己真正喜欢的职业。现实生活中,有些学生根本没有清晰的职业发展路径,对于职业规划非常模糊,心里有很多过于理想化、但是毫无内在联系的选择,盲目考取各种证书,却没有统一的方向,这就会导致学生在择业上的混乱无助,直接影响到职业目标的实现。

在边远地区、中小城市和艰苦行业,往往人才奇缺,究其原因是入职待遇不佳,工作环境名气不大。这就使得需要人才的地方得不到人才配置,不需要人才的地方却人满为患,造成了人力资源的浪费[70]。“倒圆锥模型”中社会因素影响不积极,模型将会倾倒,这需要从以下几个方面来说明。

(1)家庭和学校所在地。城镇大学生的生涯行动显著优于农村大学生。由于城市是政治经济文化中心,资源较为充足并且信息流通快速,通过就业讲座、图书馆、网络传媒等多种渠道可使城镇大学生获得较多的职业生涯规划信息,所制定的规划也较为合理;而农村则相对落后,信息流通不顺畅,这些不利于农村大学生的职业生涯规划[69,71]。

(2)大众媒介的影响。随着经济的发展,媒体用一些商界、演艺界的成功人士给大学生的榜样形象加上了时代的烙印,金钱无一例外的是判断成功的衡量标准。网络媒体作为现代高科技的文明成果,给大学生带来了大量丰富的信息,同时也极大地冲击着他们的心灵世界,对他们价值观的形成、行为的改变产生不良影响,使得他们只重视物质生活,忽略精神追求。

在"倒圆锥模型"中,社会影响是最容易发挥作用的因素。同时,社会影响也具有两面性:积极的影响将促成学生高尚的情操;消极的影响可能毁掉人幸福的一生。因此要注意社会影响的导向,树立良好的社会价值观。

8.3 人生奋斗的规律

针对上述大学生职业生涯规划"倒圆锥模型",本节讨论驱动力做功、系统能量和系统稳定性的规律,以此阐述大学生职业生涯规划过程中蕴含的道理。

8.3.1 推论一

个人努力一定要在行业需求平面内才能做功。

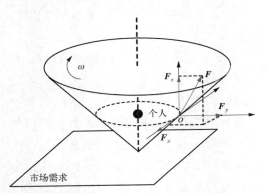

图 8-3 个人努力与成功的关系

大学生职业规划,一个重要问题就是努力的方向性问题。任何努力都会使系统越转越快吗?显然,当力做正功时,系统会越转越快;相反,当力做负功时,会阻碍系统的运动。因此需要讨论,在本书的"倒圆锥模型"中,任何驱动力都做正功吗?假设作为驱动力的个人努力 F 为任意方向,将直角坐标系的原点平移至力的作用点 o,则个人努力 F 可以分解成 3 个分力 F_x、F_y、F_z,如图 8-3 所示。

个人努力 F 在单位角位移 $\mathrm{d}\theta$ 上所做的功为

$$\mathrm{d}E = F_x \times r \times \mathrm{d}\theta + F_y \times 0 \times \mathrm{d}\theta + F_z \times r \times 0 = \mathrm{d}E_{F_x} \tag{8-2}$$

即 F 对系统的有效功等于市场需求平面内分力 F_x 所做的功。换而言之,不在市场需求平面内努力一定不可能成功,例如 F_z;想要有所收获,必须在市场需求平面内努力,例如 F_x;但是,并不是全部在市场需求平面内努力都会成功,例如 F_y。推论一为个人努力指明了方向。

8.3.2 推论二

和既定目标方向相同的努力做正功,使系统越转越快,系统能量增加;和既定目标方向相反的努力做负功,使转速降低,系统能量减小,系统很快将倒塌。

对于倒圆锥系统,角动量定律为

$$M(\text{驱动力矩}) = J(\text{转动惯量}) \times \dot{\omega}(\text{旋转角加速度}) \tag{8-3}$$

当驱动力矩(个人努力)方向和系统旋转(既定目标)方向相一致时,角加速度 $\dot{\omega}$ 为正,旋转角速度 ω 越来越大,系统能量 $J\omega^2/2$ 增加。系统旋转增速的快慢 $\dot{\omega}$ 取决于作为驱动力矩 M 的个人努力的大小。推论二说明了个人努力和目标之间的关系。只有与目标同方向努力,最后才能达到目的。

8.3.3　推论三

系统旋转越快,系统越稳定,抵抗波动(风险)的能力越强。

在图 8-1 所示的倒圆锥模型中,重心在理想情况下处于轴线之上,系统在旋转的过程中,得以稳定。但是,在职业生涯中不可能始终一帆风顺,如果一个扰动突然作用在系统之上,系统重心将偏离轴线,形成倾倒力矩,如图 8-4 所示。系统能够保持稳定的状态吗?

实际上,在扰动发生后,对于高速旋转的系统将发生进动。即不但围绕本身的轴线 o-o' 转动,而且还围绕垂直轴 o-o 作锥形运动。也就是说,系统一面围绕本身的轴线

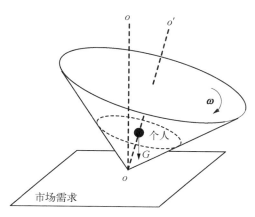

图 8-4　职业生涯的抗风险定理

o-o' 作角速度为 ω 的自转,一面围绕垂直轴 o-o 作角速度为 Ω 公转。在进动的过程中,由于旋转的物体有保持其旋转方向(旋转轴的方向)惯性,系统将受到一个抵抗重力倾倒的力矩 $M_o = J\omega \times \Omega$,经过矢量变化,可以得到关系:

$$\sin\theta = \frac{M_0}{J\Omega}\frac{1}{\omega} \qquad (8-4)$$

其中, θ 为系统倾斜角,即 o-o 轴和 o-o' 轴之间的夹角。可以看出,系统围绕自身轴线作自转运动速度的快慢,决定着倾斜角的大小。倒圆锥转得越慢,倾斜角越大,稳定性越差;转得越快,倾斜角越小,稳定性也就越好。

推论三揭示了市场经济环境下适者生存的竞争法则,说明了培养创新素养和提高创新能力在职业生涯中抵抗风险的重要性。

8.4　实施流程和工具

基于上述的"倒圆锥模型"及职业生涯规划三定理,提出了具体的职业生涯规划方法与流程,个体学生可以采用以下五个步骤对自身职业生涯进行规划和实践。图 8-5 给出了职业生涯规划流程图。

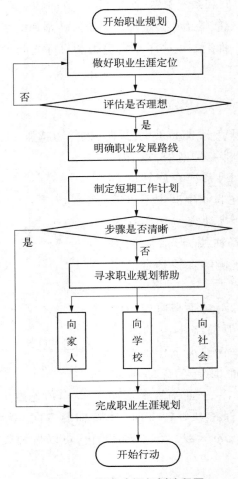

图 8-5 职业生涯规划流程图

8.4.1 做好职业生涯定位

1. 原则

量体裁衣原则。个人努力一定要在市场需求平面内,大学生在选择职业时应该从市场需求层面出发,客观定位自己,要在综合评估自己的能力之后,选择一份既是市场需要的也是自己喜欢的职业。

2. 方法

(1)明确个人的兴趣、特长以及职业观;

(2)分析社会显性市场需求与潜在市场需求;

(3)考虑从事传统行业或自主创业;

(4)对职业生涯进行初级评估,保证个人努力在市场需求平面内;

(5)确定职业定位。

3. 工具

规划师评估;市场调研;职业测评。

8.4.2　明确职业发展路线

1. 原则

可操作原则。明确职业发展的长远方向和路线是职业规划的重要步骤,要保证个人努力的方向与既定目标方向一致,才能准确高效地达到预期目标。

2. 方法

(1) 明确职业发展长远方向;

(2) 分析市场发展形势;

(3) 考虑自身能力与适应条件(包括家庭背景和受教育情况);

(4) 探索职业发展路线(宽度优先发展或深度优先发展);

(5) 对职业发展路线进行评估,保证努力方向与预期目标方向的一致性;

(6) 明确职业发展路线。

3. 工具

市场顾问咨询;就业创业指导课程;创新创业大赛。

8.4.3　制定短期工作计划

1. 原则

阶段性原则。社会环境时刻都在变化,影响职业规划的不确定因素在不断增加,因此要制定阶段性短期学习计划,增强自身素质,则抵抗风险的能力就越强,系统才能稳定运行。

2. 方法

(1) 明确职业的基本要求、能力要求和创新要求;

(2) 找准自身短板;

(3) 了解需要掌握的技能知识与理论知识(技能水平与学历水平);

(4) 观察社会市场动向,调整规划方案;

(5) 制定短期学习计划,获得基本从业证书,增强资质,增加自身抗风险能力。

3. 工具

专业技术培训;考证考级;高校学历学位;生产实践。

8.4.4　寻求职业规划帮助

1. 原则

平衡性原则。大学生在职业规划过程中不可避免地对某些步骤不清晰,很大程度降低了职业规划的质量,因此要向外界寻求帮助,但要理性地向有权威人士或机构寻求帮助。基于矢量平衡分析方法,个体学生要权衡各方面意见与建议,得到一个有利于系统平衡的最佳解决方案。

2．方法

（1）调整心态，理清思路；

（2）向家人寻求帮助：

① 家人职业观念相对较强，有一定参考价值；

② 家人职业观念相对薄弱，批判性参考；

③ 同德高望重的长辈展开家庭讨论，寻求帮助。

（3）向学校寻求帮助：

① 学校重视理论而轻视实践，不予以参考；

② 学校注重理论与实践并重，批判性参考。

（4）向社会寻求帮助：

① 社会媒体、市场经济对人生观和价值观产生冲击，不予以参考；

② 社会媒体、市场经济展现出积极形式，批判性参考。

（5）总结有助于系统平衡的解决方案，解决问题。

3．工具

家庭会议；在线咨询；社会媒体。

8.4.5　完成职业生涯规划

1．目标

（1）确认是否已经确定了清晰的职业规划方向；

（2）确认是否已经有了清晰的长期规划和短期目标；

（3）确认是否愿意为了自己的职业奋斗终生。

2．方法

自评估。

8.5　应用篇

8.5.1　学生说

对于学生来说，未来的职业规划受到家庭、学校、社会三方面深刻的影响。大学生职业生涯规划"倒圆锥模型"揭露了学生心理，给出了"如何保持学生职业生涯稳定"以及"如何规划未来职业方向"等问题的答案。旨在给予学生人生指导，让学生明确努力的方向。

每个人的出身是无法改变的，也就是说家庭因素无法做出更多调整，父母的职业可能影响孩子的就业观念，有职业规划培养意识的父母会给予孩子更多相关的关注与帮助；反之，没有这种意识的家庭则任凭孩子自由发展，职业规划较晚，这对学生是不利的。

而对于学校、社会两方面因素来说,学生可以充分发挥自身的主观能动性,比如通过自己的努力入学更规范的学校,选择职业时更遵从自己的内心等。

同时,学校应该积极提供职业生涯规范的相关教育,比如开展相关讲座、开设相关课程、组织相关实践体验活动、定期进行学生未来职业规划问卷调查,并且将这些措施落到实处,完善课程教学设施要更加完善,不要只是纸上谈兵,让学生感觉不到切实的帮助。

职业规划指导工作需要贯穿整个大学与研究生期间,不要让指导工作流于形式。在大学本科与研究生硕士、博士等不同阶段,高校可开展有针对性的职业规划指导工作。比如:刚入学的学生侧重于培养未来职业规划意识,引导学生认识自己的特点、认识自己所学的专业,学校应该教授职业规划方法,引导学生树立正确的职业价值观,培养其道德观。

而将要毕业的学生,学校要侧重于指导大学生就业选择,帮助其顺利步入职场,在校园生活到社会生活的过渡阶段提供帮助。学校还可以组织毕业生就业经验交流会,邀请往届优秀的毕业生介绍求职经验,让学生更加近距离地体会职业的工作条件。

此外,教师应该优化教学计划与授课方式,让讲授的内容更加适应用人单位需求。学校的专业课程内容及时更新,工科课程内容应该更加贴近工程实际,并且结合行业未来发展方向,以及行业人才规划,有针对性地调整课程内容,提高专业知识的实用性,也让学生对自己将来干什么有具体的认识。

教师还可以根据教学安排,在课程讲述中穿插职业生涯规划教育,结合专业课程,让学生了解自己的专业特点以及专业的就业去向。引导学生初步认识个人职业生涯规划方向,还可以带领学生参加实地考察,进行专业培训、专业实习等。培养学生的职业意识,提高学生的职业能力,更明确学生的职业志向。

通过上文的分析,学生还可以知道,个人的努力要与社会需求相适应,要追求对社会有利的发展目标,否则"倒圆锥模型"很容易倾倒,这意味着学生很难适应竞争激烈的现代社会。

与此同时,学生还需要充分了解自己的兴趣爱好与自身特点,性格决定了一个人走什么样的路,今后从事什么样的事业。职业生涯规划应以个性特征为基础,爱好是最好的老师,学生只有选择自己感兴趣的职业,这样学生才能持续在岗位上发光发热,激发出自己最大的潜能。

针对本专业的就业前景,需要学校给予学生一定的帮助,让学生了解所学专业的未来动向,分析就业形势的优缺点,从而根据实际情况制定自己的未来计划,向正确的、最优的方向努力。如果努力的方向相反,反而会导致"倒圆锥模型"失稳,从而走向职业生涯的失败。

社会影响方面,学生应该在教师的引导下,更多地关注"社会紧缺什么""社会需要什么样的人才",并主动了解专业的就业形势与就业方向。社会因素对每个人的职业发展都有着重大影响。学生要关注国家时事,学会通过对国家政策、国际大环境的分析,了解国家或地区经济和科研建设的发展方向,把握未来战略发展的热点,从中寻求各种职业发展机遇。影响职业发展的社会因素包括:政治、经济、文化等方面。这些因素相互影响,共同作用于学生的职业选择。

政治可以影响一个国家的经济体制,进而对企业、单位体制造成影响,国家会根据战略需求制定一些就业扶持政策,这些政策直接影响个人的职业发展,吸引着更多学生从事相关行业。政治制度和社会风气也会对个人的信仰产生影响,进而对学生的职业生涯产生影响。因此,学生要具体分析、积极了解影响职业的社会环境因素,这样才能更顺利地做出正确的职业规划,使个人在不断变化的社会环境中稳步向前。

目前许多新工科专业存在人才缺口,但随着越来越多学校开设相关课程,未来新工科的就业竞争压力会越来越大。这就要求学生不断学习,向模型中不断输入驱动力,使自己的"倒圆锥模型"转得更快,这样才能抵抗竞争中的风险。转得越快,越不容易失稳倾倒。

8.5.2 教师说

大学生职业生涯规划必须以市场需求为导向。距离市场需求越远,倒圆锥的倾倒势能越大,系统越不稳定,失败的风险就越大。

对于学生个体,职业生涯规划需要有不同的侧重点,以调整家庭、学校和社会影响等因素平衡为原则,以各因素不平衡矢量的反方向为职业规划的重点方向。

个人努力一定要在市场需求平面内,才能有效做功。和既定目标方向相同的努力做正功,使系统越转越快,系统能量增加;和既定目标方向相反的努力做负功,使转速降低,系统能量减小,系统很快将倒塌。系统旋转越快,系统越稳定,抵抗波动(风险)的能力越强。

上述结论由物理建模和分析得到,为大学生职业生涯规划系统研究提供了理论基础和分析工具;同时利用运动学方程解释了职业生涯规划研究工作的方向和思路,有助于激发学生深入思考,分析"双创"的需求和时代特点,结合自身的情况,认真规划,定制合理的职业生涯规划。

参考文献 | References

[1] 艾萨克·牛顿.自然哲学的数学原理[M].曾琼瑶,王莹,王美霞,译.重庆:重庆出版社,2008.

[2] 阿特·霍布森.物理学:基本概念及其与方方面面的联系[M].上海:上海科学技术出版社,2001.

[3] 李文科.工程流体力学[M].合肥:中国科学技术大学出版社,2007.

[4] J.W. 戴莱,D.R.F. 哈里曼.流体动力学[M].郭子中,陈玉璞,译.北京:人民教育出版社,1981.

[5] 冯青,李世武,张丽.工程热力学[M].西安:西北工业大学出版社,2006.

[6] 法拉第.法拉第电学实验研究二[M].周昌寿,译.上海:商务印书馆,1933.

[7] Muszynska A. Rotordynamics[M]. Boca Raton:CRC Press,2005.

[8] 严传俊,范玮.燃烧学[M].西安:西北工业大学出版社,2008.

[9] 廉筱纯,吴虎.航空发动机原理[M].西安:西北工业大学出版社,2005.

[10] 楚武利,刘前智,胡春波.叶片机原理[M].西安:西北工业大学出版社,2009.

[11] 刘长福,邓明.航空发动机结构分析[M].西安:西北工业大学出版社,2006.

[12] 樊思齐.航空发动机控制(上册)[M].西安:西北工业大学出版社,2008.

[13] 张毅刚,赵光权,刘旺.单片机原理及应用[M].北京:高等教育出版社,2016.

[14] 樊思齐.航空发动机控制(下册)[M].西安:西北工业大学出版社,2008.

[15] 墨菲.读书,让你在投喂时代"守脑如玉"[EB/OL].(2021-04-22)[2021-11-06].https://mp.weixin.qq.com/s/R0FW4SnlmjSi82ipT-SCfg.

[16] 杨金龙.责任、使命、作为:新时代一流大学建设的探索与实践[J].学位与研究生教育,2018(9):1-5.

[17] 梁传杰.深刻领会发展思路内涵引领研究生教育高质量发展[J].学位与研究生教育,2020(11):7-11.

[18] 付鸿飞,李明磊.全球化、信息化背景下研究生教育改革与发展——第二届研究生教育学国际会议综述[J].学位与研究生教育,2020(3):60-65.

[19] 杨小丽,雷庆.跨学科发展及演变探讨[J].学位与研究生教育,2018(4):54-59.

[20] 李占华,朱艳,姚霞,等."双一流"建设背景下交叉学科研究生培养的探索与启示[J].学位与研究生教育,2020(4):17-23.

[21] 赵小丽,蔡国春.试论研究生科研兴趣的培养：以"解放兴趣"为旨归[J].学位与研究生教育,2020(8)：52-57.

[22] 郑中华,秦惠民.工程类学科研究生导师校企循环流动的机制设计[J].学位与研究生教育,2020(4)：35-39.

[23] 赵士发,李春晓.新时代语境下理想研究生师生关系的构建[J].研究生教育研究,2020(1)：27-32.

[24] 蒋润花,左远志,陈佰满,等."新工科"建设背景下能源与动力工程专业人才培养模式改革探索[J].东莞理工学院学报,2018,25(3)：118-121.

[25] 杨东晓.课程主体激励视角下的研究生课程质量提升策略研究[J].学位与研究生教育,2020(1)：43-47.

[26] 杨超."双一流"建设背景下大学教师参与学科治理的困境及路径[J].学位与研究生教育,2018(9)：39-45.

[27] 张炜,汪劲松.行业特色高校的发展历程与辩证分析[J].中国高教研究,2020(8)：1-5.

[28] Marner L, Nyengaard J R, Tang Y, et al. Marked loss of myelinated nerve fibers in the human brain with age [J]. Journal of Comparative Neurology, 2003, 462(2)：144-152.

[29] 张探.脑容量无法增加神经元不能缩小人类大脑进化达到极限[J].丹东海工,2011(1)：78-79.

[30] 梁夏,王金辉,贺永.人脑连接组研究：脑结构网络和脑功能网络[J].科学通报,2010,55(16)：1565-1583.

[31] McCulloch W S, Pitts W. A logical calculus of the ideas immanent in nervous activity [J]. Bulletin of Mathematical Biophysics, 1943, 5：115-133.

[32] LeCun Y, Bengio Y, Hinton G. Deep learning [J]. Nature, 2015, 521(7553)：436-444.

[33] Moody J O, Antsaklis P J. The dependence identification neural network construction algorithm[J]. IEEE Transaction on Neural Networks, 1996, 7(1)：3-15.

[34] Chen C L P. A rapid supervised learning neural network for function interpolation and approximation[J]. IEEE Transactions on Neural Networks, 1996, 7(5)：1220-1230.

[35] 吕柏权,李天铎.一种具有全局最优的神经网络 BP 算法[J].清华大学学报(自然科学版),1997(2)：34-36,74.

[36] 廖宁放,高稚允.BP 神经网络用于函数逼近的最佳隐层结构[J].北京理工大学学报,1998(4)：476-480.

[37] 汪家道,孔宪梅,陈大融.节点自删除神经网络及其在磨粒识别中的应用[J].清华大学学报,1998,38(4)：42-46.

[38] 黄家裕.错误假说的作用——燃素说[J].南宁师范高等专科学校学报,2005(1)：

15 - 17.

［39］甄素伟.近代化学之父——拉瓦锡［J］.魅力中国,2010(15)：67.

［40］王守纪.竞争与选择——关于教育竞争问题的理性思考［J］.江西教育科研,2002
(Z1)：8 - 10.

［41］高殿龙.体验式团队教育在高职学生管理中的应用［J］.云南省社会主义学院学报,
2013(3)：255 - 256.

［42］张青.学校应广泛开展竞争教育［J］.教育探索,2003(11)：54 - 56.

［43］李中复,吕秀芳,王大雷.正态分布密度及学生考试成绩统计［J］.辽宁工学院学报
(社会科学版),2004(5)：109 - 110.

［44］康庄,周顺华.工科研究生团队化培养模式探讨——以同济大学铁道工程专业为例
［J］.学位与研究生教育,2013(1)：19 - 22.

［45］林慧.教育竞争是国力竞争之本［J］.中国职业技术教育,2004(14)：36 - 38.

［46］Battisti F, Boato G, Carli M, et al. Teaching multimedia data protection through an
international online competition［J］. IEEE Transactions on Education, 2011, 54(3)：
381 - 386.

［47］杨芳.论学生竞争精神和竞争能力的培养［J］.中国教育学刊,2004(6)：42 - 44.

［48］王俊刚.为教育竞争辩护—从社会学角度关照教育竞争［J］.忻州师范学院学报,
2005(6)：88 - 91.

［49］Munoz-Merino P J, Molina F M, Munoz-Organero M, et al. Motivation and emotions in
competition systems for education：An empirical study［J］. IEEE Transactions on
Education, 2014, 57(3)：381 - 386.

［50］叶新东,王巧燕,杨清泉.竞争与非竞争情景下心算过程脑机制差异研究［J］.开放教
育研究,2011,17(5)：94 - 102.

［51］王煜国.良好的公众形象——学校应对教育竞争的基本策略［J］.雁北师范学院学
报,2005(3)：17 - 18,35.

［52］戴锦文,缪小勇.摩尔定律的过去、现在和未来［J］.电子与封装,2015,15(10)：
30 - 34.

［53］威廉·斯蒂克斯鲁德,奈德·约翰逊.自驱型成长［M］.叶壮,译.北京：机械工业出
版社,2020.

［54］瞿振元.高等教育内涵式发展：从推动到实现［N］.人民日报,2017 - 12 - 21.

［55］郑中华,秦惠民.工程类学科研究生导师校企循环流动的机制设计［J］.学位与研究
生教育,2020(4)：35 - 39.

［56］罗伯特·斯莱文.教育心理学［M］.第 10 版.吕红梅,姚梅林,译.北京：人民邮电出版
社,2017.

［57］郑金伟,李瑞星.基于 TRIZ 理论的创新创业型人才培养体系的构建与实践［J］.就业
与保障,2023(7)：124 - 126.

［58］ 李相晔,于海濛.TRIZ 理论在理工科大学生创新训练中的应用［J］.创新创业理论研究与实践,2022,5(20)：155－158.

［59］ 董波,田庆华,许志鹏,等.新能源战略金属镍钴锂资源清洁提取研究进展［J］.材料导报,2023,37(22)：127－141.

［60］ 张乐.简明大学物理［M］.上海：同济大学出版社,2018.

［61］ 吉书萱.浅论逆全球化浪潮下加强基础研究的重要性——解读习近平总书记在科学家座谈会上重要讲话［J］.陕西教育(高教),2021(12)：42－43.

［62］ 高桂娟.对大学生职业生涯规划的分析与思考［J］.中国高等教育,2007(7)：47－48.

［63］ Crisan C, Pavelea A, Ghimbulut O. A need assessment on students' career guidance［J］. Procedia Social and Behavioral Sciences, 2015, 180：1022－1029.

［64］ Korkmaz H. Factors influencing students' career chooses in science and technology：Implications for high school science curricula［J］. Procedia Social and Behavioral Sciences, 2015, 197：966－972.

［65］ 李兵宽,刘启辉.大学生职业生涯规划体系建设刍议［J］.中国高教研究,2005(1)：77－78.

［66］ 姜明伦,李战国,颜小芳,等.大学生职业生涯规划行为选择及影响因素分析——基于宁波市 6 所高校的调查分析［J］.高教探索,2015(2)：110－116.

［67］ 王泽兵,孙加秀,盛锦.大学生职业生涯规划的困境与出路［J］.中国青年研究,2007(2)：17－19,62.

［68］ 班美兰,志健,张玉.大学生职业生涯规划现状及其影响因素［J］.中国健康心理学杂志,2013,21(3)：460－462.

［69］ 楼仁功,赵启泉.大学生职业生涯规划指导的探索与实践［J］.中国高教研究,2002(6)：89－90.

［70］ 刘淑艳.关于做好大学生职业生涯规划工作的思考［J］.教育探索,2006(4)：33－34.

［71］ 蒋嵘涛.大学生职业生涯规划与高等教育人才培养模式改革的思考［J］.湘潭大学学报(哲学社会科学版),2004(3)：139－142.

每章节的成长模型、教改实施流程和工具

章　节	知　识　点	成　长　理　论	实施流程和工具
第1章　从力学基本定理出发			（1）力学理论体系及其在人才培养中的类比关系（表1－1、图1－2）； （2）图1－3,建模四个步骤
1.1　三大定律体系及其在人才培养中的类比关系	【牛顿三大定律】 【流力三大定律】 【热力学三定律】	个人成长的三个公理	
1.2　力学研究方法论和建模步骤	【力学建模步骤】	参数、模型、方程求解、结果解释	
1.3　经典工程问题建模	【二阶振荡系统】	模型：人才成长过程模型； 参数：天赋 I、惰性 W、机遇 C、学生的自驱力 $F(t)$	
1.4　学生成长问题模型	【自由振动与强迫振动】 $I\ddot{x} + W\dot{x} + Cx = F(t)$	表1－7　知识点与成长启示的关联	
第2章　学习的驱动力			
2.1　由知识点组成的知识网络构建了工业文明	【动力与能源概论】 【新能源的开发】 【未来能源利用】	—	—
2.2　学习是将知识揉碎了重构	【知识工程】	—	知识重构的流程
2.3　知识网络是探索素质培养的框架	【熵理论】 【知识网络】 【航空发动机故障诊断】	—	新工科建设及本质
2.4　知识网络未知节点将激发学生的好奇心	【元素周期表】	—	—

续　表

章　节	知　识　点	成　长　理　论	实施流程和工具
2.5　应用篇	【力的三要素】	—	—
第3章　学习的方向性			
3.1　学习需要方向	【正功、负功、不做功】 【涡轮与压气机的叶片异同】 【工业革命】 【蒸汽时代】 【信息时代】	马斯洛需求层次结构模型	—
3.2　主流价值观指导学习的方向	【运动稳定性】 【次谐波】	高层次人才价值取向模型	—
3.3　能力越大,破坏力也可能越大	【数值积分】	—	—
3.4　实施流程和工具	【四象限评价法】 【根轨迹图法】	—	—
第4章　学习的积累			
4.1　多段式人生的新要求	【寿命模型】 【效率特性】 【多级热机效率高】	—	基于人脸识别的专注度分析
4.2　一万次原理	【神经网络】	—	
4.3　量变到质变,积累的是时间还是成效	【做功和时间无关】 【疲劳累积损伤定理】	—	
4.4　有效学习	—	流程+工具	
4.5　应用篇	—	—	
第5章　学习的效果评价			
5.1　学习过程中的合作与竞争	—	团队竞争教学活动的组织结构	
5.2　团队合作如何进行效果考核	【样本分布概率密度函数】	复均匀分布模型	
5.3　团队合作效果影响因素分析	【正交实验设计】	—	

章　　节	知　识　点	成　长　理　论	实施流程和工具
5.4　用数字孪生对学生进行全面的评价	【数字孪生】	—	团队合作项目实施方法与流程
5.5　团队合作项目实施方法与流程	—	—	
5.6　关于考核与评价，老师有话说	—	—	
第6章　能力的迭代提升			
6.1　为什么我一直在努力，能力却没有及时提升	【能量积累与量子跃迁】【光谱分析】	—	—
6.2　能力是积累的结果，不是突击的成绩	【中心极限定理】	—	—
6.3　新技术的放大作用	【摩尔定律】	线性增长模型和幂次增长模型	—
6.4　教育实践中的原则	—	—	—
6.5　应用篇	—	—	—
第7章　创新素质培养			
7.1　创新模型	【TRIZ 理论】【最优控制】	最大梯度技术进步模型	
7.2　积累是创新的基础	—	—	
7.3　灵感是创新的萌芽	【临界转速】【故障基因】【自动定心】【遗传算法】	学科交叉激发新发现	—
7.4　需求是检验创新的唯一标准	—	—	
7.5　多学科交叉助力创新	—	—	

章　节	知 识 点	成 长 理 论	实施流程和工具
7.6　应用篇	—	—	—
第8章　人生规划与职业分析			
8.1　大学生职业生涯规划模型	【陀螺力矩】	高层次人才职业规划模型	规划师评估、市场调研、职业测评； 市场顾问咨询、就业创业指导课程、创新创业大赛； 专业技术培训、考证考级、高校学历学位、生产实践； 家庭会议、在线咨询、社会媒体； 自评估
8.2　模型的平衡因素分析	【平衡矢量图】	—	
8.3　人生奋斗的规律	【动态力平衡】 【角动量定律】	—	
8.4　实施流程和工具	—	—	
8.5　应用篇	—	—	

附录二

涉及的知识点中英文对照

自驱动型成长理论模型

模型1：学习及成长模型

模型描述：成长的过程常常是周期性迭代前进的。通过不断学习，实现自我认同、团队认同和社会认同。这三种认同有时存在时间上的延迟，是学习认知‑自我怀疑‑批判性成长的真实写照。为此，建立自我成长模型，评价自变量是社会认同感。

$x \to$社会认同（零阶）；$\dot{x} \to$团队认同（一阶）；$\ddot{x} \to$自我认同（二阶）。

模型参数：天赋I、惰性W、机遇C。

数学模型：二阶齐次微分模型$I\ddot{x} + W\dot{x} + Cx = F(t)$。

成长规律：批判性思维观认为自我认同、团队认同和社会认同具有必然的波动规律。其中，天赋I、惰性W、机遇C是进步的参数，知识、能力和素质获得提高，需要努力、机遇和天赋的配合。在数学模型上，正是学习、积累和升华的体现。

思政要点：当学生缺少自驱力时，在惰性的影响下，其社会认同难以实现。当学生的自驱力与自身的天赋和机遇相匹配时，能最大程度实现人生认同。且自驱力越强的学生，其能实现的社会认同也越大。

模型2：自驱力模型

模型描述：学习自驱力$F(t)$决定着学习的动力。可以说，自驱力决定了一个人能否得到社会认同。

模型参数：学习自驱力。

数学模型：$C_{\text{curiosity}} = \dfrac{\Delta F}{\text{势能表达式}}$。

成长规律：自驱力决定了一个人能否得到社会认同。知识、能力和素质获得提高，需要努力、机遇和天赋的配合。

思政要点：自驱力越强的学生，其能实现的社会认同也越大。所以培养学生的自驱力是教育者的重要任务。

模型 3：成长方向性模型

模型描述：建立一个模型，促使技术发展瞄准对于人类有利的方向，而规避它所带来的风险。

模型参数：失稳转速、学习能力、滞后、惰性。

数学模型：
$$\begin{cases} \omega_i^2 + c_i\Omega > 0 \\ [\omega_i^4 - (c_i\Omega)^2](2\omega_i^2 + D_i^2)(2\omega_i^2 D_i^2) - [\omega_i^4 - (c_i\Omega)^2]8D_i^3 - (2\omega_i^2 D_i^2)^2 > 0 \end{cases}$$

成长规律：学习是成才的过程，成才是高效学习的结果。成为德才兼备的人，成为社会需要的人，成为产生价值的人是学习的方向和目标。技术是双刃剑，可以造福人类，也可以给人类带来灾难。能力越大，对于社会的影响就越大，可以做出更大的贡献，反过来，如果能力运用不当，对于社会的破坏力也越大。

思政要点："德才兼备"是新时代中国大学生成才的方向和目标，需要大学生反复体会和思考。学生必须对抗外界干扰，快速修正自己的心态与行径，让自己回到踏实、正确的状态，这就需要坚定的信念与信仰加以支持。若是不能快速修正，便会越发偏离初心。

模型 4：学习积累模型

模型描述：分析做功积累可知旋转力矩做功与时间无关。

模型参数：驱动力矩。

数学模型：$W = \int_{\theta_1}^{\theta_2} M \mathrm{d}\theta$。

成长规律：学习时间并不是成功的度量变量，一万小时的练习是走向成功的必经之路，但只经历了一万小时学习不一定就能够成功，跨越量变到质变的门槛，积累的不是时间，是成效。

思政要点：对于学生来说，学习需要持之以恒，但光有时间远远不够，需要注意学习的成效，关注自己在课堂上的听课效果，将课堂时间充分运用。要把时间用在点子上，做有效的学习。

模型 5：针对团队合作评价的复均匀分布模型

模型描述：模型以教学活动的分组情况为基本单元，充分考虑团队合作水平和个人贡献的双重因素，在组间采用均匀分布评价，在组内亦采用均匀分布打分，得到量化考核结果。

模型参数：I 为小组成绩名次；N 为小组个数；i 为组内成员成绩名次；n 为组内成员个数；A_{max} 为小组成绩的上限；A_{min} 为小组成绩的下限；B 为组内成员成绩的样本极差 $B =$

$S_{I,1} - S_{I,n}$。

数学模型：$S(I, i) = A_{\max} - (I - 1) \times \dfrac{A_{\max} - A_{\min}}{N - 1} + \left(\dfrac{n}{2} - i\right) \times \dfrac{B}{n} - \Delta V$。

成长规律：上述量化考核方法，充分考虑了教师和各组代表的意见，既维护了考核的公平性，提高了学生的民主和参与意识，也是学生之间学习和交流的机会。同时，公式中不采用"成绩"，而采用"名次"，削弱了题目难易程度的影响，弱化了面试评分的主观影响因素，降低了打分制的随机效应，使所有考生成绩的统计特性趋于稳定。

思政要点：团队中合理的性别比例搭配、合理的构成人数，使成员之间的交流互助更加和谐。提高学生的民主和参与意识，增加学生之间学习和交流的机会是团队合作的主要目的，在团队评分时采用"名次"而非"成绩"，也是更优化的打分机制。

模型6：能力迭代提升与能级跃迁模型

模型描述：初期增长缓慢，但幂次增长的加速度持续不变，增长的速度便越来越快，最后结果往往是惊人的，通常会大幅超出人们的想象，得到非凡的结果。

模型参数：能力 y、知识 a、时间 x。

数学模型：$y = a^x + b$。

成长规律：能力提升是一个量变到质变的过程。做了很多的努力，进行了系列的专项训练，能级跃迁将是随之而来的事件。此时，需要"自我顿悟"和"机遇到来"。

思政要点：学习本身就是一种长久的知识积累，知识积累本身就是一个枯燥的过程，很少有快乐的时候。任何成功背后都是不断地努力和付出，在追求成功的过程中，要经历很多困难，要付出很多汗水，才能收获到甘甜的果实，实现人生最终的"能量跃迁"。

模型7：创新与技术迁移的发展模型

模型描述：技术系统性能的提升过程不是无限持续的，而是随着时间的推移呈现出字母 S 的形状，这样的整体规律被称为技术系统进化的 S 模型。S 模型将技术创新分成四个阶段，分别是：婴儿期、成长期、成熟期和衰退期。

模型参数：技术矛盾、物理矛盾、How to 模型、物场分析。

数学模型：$\dfrac{\partial s}{\partial t} = 0$。

成长规律：创新的 S 曲线已经获得共识，技术迁移路径正是 S 曲线簇上所有拐点的连线。成长期时技术发展最为迅速，此时创新技术生机勃发，学生需要抓住机会紧跟成长期的浪潮。

思政要点：创新的本质其实是优胜劣汰。事实证明，不自主创新的东西往往经不住时间的冲刷，就被遗落在历史的长河中，不学会创新，就无法紧跟时代的步伐。随着时间的流逝,一切都在发生着变化,不仅要在灵感中寻找创新的源泉,还要在实践中完成知识的积累,寻找到创新的最优路线。

模型 8：人生规划的陀螺模型

模型描述：基于力矩推导的职业规划模型。

模型参数：家庭背景因素；学校教育因素；社会影响因素。

数学模型：$\sum \boldsymbol{F} = m_{family}\boldsymbol{\omega}^2 \angle\alpha_f + m_{education}\boldsymbol{\omega}^2\angle\alpha_e + m_{society}\boldsymbol{\omega}^2\angle\alpha_s = 0$。

成长规律：

推论一：个人努力一定要在行业需求平面内,才能做功；

推论二：和既定目标方向相同的努力做正功,使系统越转越快,系统能量增加；和既定目标方向相反的工作做负功,使转速降低,系统能量减小,系统很快将倒塌；

推论三：系统旋转越快,系统越稳定,抵抗波动(风险)的能力越强。

思政要点：家庭教育是影响个人未来生涯、职业选择的重要因素之一。所以每个家庭都尽其所能,开阔孩子的视野,注重家庭教育对子女的职业生涯规划的指引。学校教育是最专业、最有效的调节平衡,协调发展的因素,因此最应该引起重视。通过专业知识学习和社会经验积累,学校引导学生,可以形成良好的职业追求,更好地实现自己的人生价值。而社会影响是最容易发挥作用的因素。同时,社会影响也具有两面性：积极的影响将促成学生高尚的情操；消极的影响可能毁掉人幸福的一生。因此要注意社会影响的导向,树立良好的社会价值观。

自驱动型成长的三条公理

公理一：人才成长的主体 M 是个体、团队、行业和国家。脱离团队、行业和社会环境的个人成功评价,就像在真实世界中寻找质点运动,过于理想。在实现个体-团队-行业-国家价值统一的过程中,驱动力 $\boldsymbol{F}$ 是成长 $\boldsymbol{a}$ 的前提。

$$\boldsymbol{F} = M\boldsymbol{a}$$

公理二：个人的能力增长 $\boldsymbol{P}$ 和付出的努力有关；个人成长速度 $\Delta\boldsymbol{V}$ 取决于自身努力 $\boldsymbol{F}\cdot t$ 的结果。

$$\boldsymbol{P} = M\cdot\Delta\boldsymbol{V} = \boldsymbol{F}\cdot t$$

公理三：个人成长具有方向性。和行业需求相向而行,将能实现自我价值的体现；和社会需求背道而驰,能力越大破坏力越大。

$$E = \boldsymbol{F}\cdot\boldsymbol{S} = F\cdot S\cos a$$

后记 | Postscript

　　本书针对动力与能源方向人才培养,系统性地归纳动力驱动中涉及的力学知识点,同时延伸到学生"自驱动式学习"的驱动原理和应用。既是一本专业教材,也是一本课程思政读本。

　　如何站在理工科学生的角度,设置思政环节? 凝练的思政教学案例,如何获得动力与能源专业深入人心的效果? 这需要符合理工科学生的逻辑思维习惯。因为是从理论过渡到实践的专业,所以需要思政教育融合开展,原因有三个: ① 专业知识难,需要坚定的信念和必胜的决心来支撑;② 专业学习苦,需要正确的价值观和人生观来指引;③ 专业技术新、变革快,需要改革的魄力与攻坚克难的思想准备。本书结合专业特点,从学生角度分析课程思政的必要性,将思政元素从必要条件变为充分条件。最终,当学生发自内心地认可: 设置的思政元素是课程的充要条件,思政教育将从"教师努力教"悄然变为"学生自觉学"。

　　思政教育的目标是培养德才兼备的高层次专业人才。以往,"德"的培养方式常常集中在政治课程;"才"的培养手段,则通过专业课程讲授知识。人文课程和专业课程是两条平行线,思政课程和课程思政相对独立,学生并不容易自觉地探索价值塑造、能力培养和知识传授的多元统一。

　　本书尝试在"专业 & 思政课"的授课过程中,建立一种"自驱动型成才"的培养理念。结合新工科课程的培养方案及学情分析,以力学理论知识为基础,以学生的思想成熟度为着力点,专业传授和思政教育同时开展。在学生成长的过程中,让学生了解国家和行业需求(自驱目标),认识"德"和"才"的标准和要求(自驱方向),激发学术和党史好奇心(驱动力),掌握提高自身竞争力的学习方法(驱动力做功),养成终生学习的习惯(能量积累),尝试从 0 到 1 的突破(能量跃迁),开展自驱动型的主动成长。

　　为了更好地阐述"自驱动式学习"的原理和应用,剑指卓越工程师培养,本书作者团队包含了高校教师和企业代表。其中,第二作者来自中国航空发动机集团有限公司党群工作部,从事航空发动机行业党的建设相关工作。第三作者供职于中国船舶集团有限公司第七〇五研究所总体部,从事水下无人装备总体技术研发及技术管理工作。第四作者在中国航天科技集团六院十一所,从事液体火箭动力的专业人才培养和技术管理工作。通过人才培养单位和人才需求单位的联合编写,围绕"学生"开展教育改革。

　　"以学生为中心",教育应该有三重境界:

（1）延续生存技能的人：自然选择的人，为生存而活；

（2）培养企业需要的人：团队选择的人，为别人而活；

（3）引导崇高人格的人：自己选择的人，为幸福而活。

与此对应，教育的三种形式是：

（1）口口相传，长辈-子辈方式；

（2）著书立传，老师-弟子方式；

（3）主动式学习，师生学习共同体方式。

以往的教学活动：定规则→不要干什么。

实践型的教学活动：手把手→需要干什么。

自驱动型的教学活动：激发性→应该干什么。

希望同学们和老师们阅读本书之后，能够受到启发，找到最适合自己的"自驱动成长"模型的影响变量和规律！

王俨剀

于长安启翔湖畔